东南、中南地区
园林植物识别与应用实习教程

陈月华　王晓红　主编

中国林业出版社

图书在版编目（CIP）数据

园林植物识别与应用实习教程：东南、中南地区 / 陈月华　王晓红　主编．—北京：中国林业出版社，2008.9（2021.2 重印）

ISBN 978-7-5038-5044-8

I. 园… II. ①陈… ②王… III. 园林植物—实习—教材 IV. S688-45

中国版本图书馆CIP数据核字（2008）第099441号

中国林业出版社

责任编辑：李　顺　李　鹏
电话：83143569

出　　版	中国林业出版社（100009 北京西城区德内大街刘海胡同7号）
发　　行	中国林业出版社
印　　刷	廊坊市海涛印刷有限公司
版　　次	2008年9月第1版
印　　次	2021年2月第5次
开　　本	787mm×1092mm　1/16
印　　张	10
字　　数	250千字
定　　价	48.90元

凡本书出现缺页、倒页、脱页等质量问题，请向出版社图书营销中心调换。

版权所有　侵权必究

前　言

　　本书中介绍的园林植物为中南、东南地区能露地过冬且在园林中常用的种类，少数种类为本地区原产或国外新引进、应用前景好的植物。共计106科300种，加上相近种、变种及品种共有369种。从植物的形态特征、习性、观赏特征和园林应用四个方面进行了简要介绍，并配有植物整体或局部的图片，注重园林应用及图片的原创性，适合园林绿化工作者、大专院校学生及广大植物爱好者使用。

　　本书分为总论和各论两部分。总论中介绍了园林植物的分类、生态习性、观赏习性、应用及植物的拉丁学名；各论中按植物的习性分为常绿乔木、落叶乔木、常绿灌木、落叶灌木、木质藤本、竹类、一二年生花卉、多年生花卉和水生花卉。陈月华负责全书、总论及各论中的木本至竹类内容的编写，王晓红负责各论中草本植物内容的编写，廖飞勇负责全文的审核、前言、中文及拉丁文检索及提供部分图片。

　　本书在编写与出版过程中，获得中南林业科技大学环艺学院的沈守云教授、博导的大力支持及研究生王林云、张玉琴、张蓉、郭晓华、卢崇望、雷雅萍等的帮助，曹基武老师提供了部分照片，在此一并致谢！

　　由于时间的限制及水平有限，书中错误和缺点难免，敬请广大读者批评指正，以便不断修改完善。

作者
中南林业科技大学

园林植物的识别

园林中认识树木的目的是为了更科学合理地应用植物，营造出健康、生态和赏心悦目的植物景观。一个良好的植物景观一定是在植物生长正常，植物之间不会出现恶性竞争的基础上，在不同的时间都能观赏到不同景观，最好做到四季有花或果可观赏。而要做到这些，必须对园林中常用树种的观赏习性和生理生态习性十分了解，既知道它的观赏部位、观赏时间及观赏效果，又了解它对于环境的要求和对环境的改善作用，这样才能做到既适地适树又景观多样。

室外识别时，首先掌握树木的形体大小、形态、分枝及生境。比如雪松，形体大小方面：远看它的形体大小，成年的雪松是大的乔木，高度可以达到20 m以上；形态方面：整个树木呈尖塔形，顶端优势十分明显；分枝方面：分枝较多，大枝一般平展，为不规则轮生，小枝略下垂；生境方面：较喜光，幼年稍耐庇荫，大树要求充足的上方光照，否则生长不良或枯萎，对土壤要求不严，酸性土、微碱性土均能适应，深厚肥沃疏松的土壤最适宜其生长，亦可适应黏重的黄土和瘠薄干旱地，耐干旱，不耐水湿，抗风力差，对二氧化硫抗性较弱，空气中的高浓度二氧化硫往往会造成植株死亡，尤其是4~5月间发新叶时更易造成伤害。

第二，看叶的单叶、复叶及着生状态(对生、互生)、叶的大小、叶的颜色及附属物，有花、果时再看其特征。一次识别只能看到短时期内的观赏特征，应分季节多次反复，最好对每种做一个物候期记载表。反复多次(一定在不同栽种地点、场所)的识别才能掌握。当然在识别这些特征中必须掌握其最主要的特征。仍以雪松为例，叶为针叶，质硬，先端尖细，叶色淡绿至蓝绿，叶在长枝上为螺旋状散生，在短枝上簇生，雌雄异株，稀同株，花单生枝顶，球果椭圆至椭圆状卵形，成熟后种鳞与种子同时散落，种子具翅，花期为10~11月份，雄球花比雌球花花期早10天左右，球果翌年10月份成熟。由于雌雄球花开花的时间相差约10天，所以在自然情况下，很难看到它的果。但是在一些植株集中的地方可以看到。还有其他一些特征，如树皮灰褐色，裂成鳞片，老时剥落，果成熟时为白色，带有浅的横纹。其最主要的特征，如果有果是最好识别的，如果没有则是树形和针叶的着生方式。

第三，用手摸、揉碎后嗅。如蜡梅，其最主要的识别特征是叶粗糙，对生；樟科、芸香科植物枝叶揉碎后具有特殊的香味，臭椿叶揉碎后有臭味。

第四，借助于检索表。

总之，识别时要掌握一个种最有代表性的、独有的特征，以个人各自的方式认识就行。

实习记录整理

园林植物识别的目的是在了解其观赏习性、生态习性的基础上学会应用，园林植物的应用又是灵活多变的。掌握了每一种园林植物的主要形态特征即认得之后，就要了解它的外形、叶、花、果、枝、干等方面有何观赏价值，同为观花的种类，其着花状态及花量不同，景观效果亦有很大差别，这都是园林初学者应该掌握的。利用植物的不同形态、不同花、果、叶的景观效果通过不同的种植方式营造各种不同的氛围，这才是认植物最终的目的。

每一种植物对其生境条件要求各有不同，认植物的同时注意观察其生长环境（主要是光、水、土壤及空气）特点、生长状态及应用效果。

一、物候期记载

认植物有一个过程，需要多次反复，还受季节的限制，尤其是春色叶、秋色叶、观花、观果植物的物候期并不集中，需要零星记载，自己做一个简单实用的物候期记载表，对每一种园林植物的观赏习性及观赏时期有一个全面了解。

二、总结归类

认植物刚开始是由一个种一个种零星的组成，认的种类达到一定数量之后需要完成横向的归纳总结，将在识别特征上易混淆的种进行比较，如叶的粗糙程度相当的糙叶树和腊梅，前者为乔木、叶互生，后者为灌木、叶对生；树干上具眼状枝痕的枫香和景烈白兰，前者叶掌状三裂，后者叶长椭圆状；朴树和香樟均为三出脉，后者离基而前者不离基；灯台树和厚皮香均为轮状分枝，前者叶较大、叶脉弧形、纸质，后者叶较小、叶脉不明显、革质。此外，按观赏习性、生态习性及园林应用进行总结归类。

1. 观赏习性

叶——春色叶树（分红色、黄色）、秋色叶树（分红色、黄色、褐色）、深绿色、浅绿色、灰绿色、蓝绿色、黄色、（紫）红色、斑叶等；

花——花分季节、花色、花量多少、芳香；

果——果分果色、观赏时期、果大小及果量多少；

树形（主要是乔木）——树的高度、冠幅大小、枝叶疏密程度、分枝点高低及树的外形；

枝干——枝干颜色（红、白、黄）、枝条形态（龙游状、下垂、直立向上）及光滑与否。

2. 生态习性

园林植物生长的环境条件多变，有强光照和光线不足处，有低洼湿地、土壤干旱贫瘠地，有空气中有毒气体含量较高处等条件差异较大，需要选择具有各种不同适应性和抗性的植物种类，识别时需仔细观察植物的生境及长势，并加以总结。

（1）耐荫、喜半荫植物（2）耐水湿、喜水湿植物（3）耐干旱瘠薄植物（4）抗污染性强的植物等。

3. 园林应用

识别时注意观察园林植物的应用场所、应用方式及应用效果。对应用不当的，例如将喜半荫的植物种植在强光下表现出生长不良、焦叶等，今后应用时应避免；应用得当的加以推广。按行道树、园景树、庭荫树、树林、风景林、绿篱（墙）、基础种植、地被、垂直绿化（又分墙面、坡地、花架、栏杆、围墙、假山石、枯树等）、花径、花境、花坛、水边、花台等应用方式进行总结归类。

目 录

前　　言

园林植物的识别

实习记录整理

总　　论

一、园林植物的分类 ………………………………………………… 1

二、园林植物的生态习性 …………………………………………… 1

三、园林植物的观赏特征 …………………………………………… 2

四、园林植物的应用 ………………………………………………… 4

五、植物拉丁名 ……………………………………………………… 5

六、园林植物的形态及分类 ………………………………………… 5

各　　论

常绿乔木 …………………………………………………………… 9

落叶乔木 …………………………………………………………… 31

常绿灌木 …………………………………………………………… 63

落叶灌木 …………………………………………………………… 81

木质藤本 …………………………………………………………… 97

竹　类 ……………………………………………………………… 105

一、二年生花卉 …………………………………………………… 109

多年生花卉 ………………………………………………………… 123

水生花卉 …………………………………………………………… 141

中文名索引 ………………………………………………………… 147

拉丁名索引 ………………………………………………………… 152

参考文献 …………………………………………………………… 154

总 论

一、园林植物的分类

(一) 依植物的生活型分类

1. 乔木：树干高大，主干和分枝有明显区别的木本植物。有常绿和落叶、针叶和阔叶之分，如雪松、银杏等。

2. 灌木：矮小而丛生的木本植物。有常绿和落叶两类，如紫玉兰、栀子等。

3. 藤本：有缠绕茎或攀援茎的植物。按茎的木质化程度又分为木质藤本（如紫藤）和草质藤本（如茑萝）。

4. 竹类：竹类是园林植物中的特殊分支，在形态特征、生长繁殖等方面与其他树木不同，在园林中的造景作用也是一般树木不能替代的。根据其地下茎的生长特性，有丛生竹、散生竹、混生竹之分。

5. 草本

(1) 一、二年生花卉：种子发芽后，在当年便开花结实，完成生命周期而枯死的为一年生花卉，如鸡冠花。种子发芽后当年只进行营养生长，到翌年春夏才开花结实，完成生命周期，其实际生活时间常不足1年，但跨越了两个年头，为二年生花卉，如金盏菊。

(2) 多年生花卉：个体寿命超过两年，能多次开花结实。又因其地下部分的形态变化分为宿根花卉（地下部分形态正常，不发生变态，如玉簪）和球根花卉（地下部分变态肥大者，如水仙）。

在园林应用中，常常又根据花卉的生态习性将水生花卉、岩生植物、兰科植物、仙人掌及多浆类植物、食虫植物等单列，为简便起见，只将水生花卉单列出来。

(二) 依植物的观赏特性分类

1. 观花类：花色艳丽或花形奇特或花具芳香的植物，如玉兰。

2. 观果类：果具鲜艳的颜色或果形奇特或具芳香的植物，如枸骨。

3. 观叶类：叶的颜色为非绿色或叶形奇特或具芳香的植物，如红枫。

4. 观形类：植物的外形独特，具有观赏价值，如龙爪槐。

5. 观枝干类：植物的茎或枝条的颜色较艳丽，黄色如黄枝槐、白色如白皮松、红色如红瑞木、绿色如棣棠；植物的枝条弯曲或下垂，落叶后可观赏，如龙爪槐。

(三) 依植物的园林应用分类

可分为孤植树、行道树、风景林、防护树、绿篱（墙）及植物造型、基础种植、垂直绿化、地被植物、水边绿化、花坛、花境、花丛、花台和植物专类园（在"四(二)园林植物的应用方式"中详细介绍）。

二、园林植物的生态习性

植物所生活的空间叫"环境"。植物的环境主要包括气候因子（温度、水分、光照、空气）、土壤因子、地形地势因子、生物因子及人类的活动等方面。对园林植物有直接间接影响的因子称为生态因子，主要包括光照、温度、水分、土壤和大气。

1. 光照因子

光是绿色植物进行光合作用不可缺少的能量源泉，只有在光照下，植物才能正常生长、开花和结实。光照对园林植物的影响主要表现在光照强度和光照时间两个方面。根据对光照强度的要求不同，将园林植物分成喜光植物、耐荫植物和中性植物。

(1) **喜光植物**：喜强光，不耐荫蔽，在阳光充足的条件下才能正常生长发育。如果光照不足，则枝条纤细、叶片焦黄、花小而不艳、香味不浓、开花不良或不能开花。如银杏、杨、柳、泡桐、郁金香、芍药等。

(2) **耐荫植物**：多原产于热带雨林或高山阴坡及林下，在适度荫蔽条件下生长良好。如果强光直射，则会使叶片焦黄枯萎，长时间会造成死亡。如红豆杉、八角金盘、兰花、中华常春藤等。

(3) **中性植物**：在充足的阳光下生长最

好，但亦有不同程度的耐荫能力。如山茶。

2. 温度因子

温度是影响园林植物生长发育的重要因素之一，它影响着植物的地理分布、栽培区域、生长发育速度等。

3. 水分因子

水分是植物体的重要组成部分和光合作用的重要原料之一，水分的多少直接影响着植物的生存、分布、生长和发育。不同的植物种类，由于长期生活在不同水分条件的环境中，形成了对水分需求关系上不同的生态习性和适应性。根据园林植物对水分的要求不同，一般分为4个类型：

(1) **耐旱植物** 多原产于热带干旱或沙漠地区，这类植物根系较发达，肉质植物体能储存大量水分，叶呈刺状、膜质鞘状或完全退化。如景天科植物。

(2) **中生植物** 绝大多数园林植物属于这种类型，它们不能忍受过干和过湿的条件。

(3) **耐湿植物** 多原产于热带雨林中或山涧溪旁，喜生于空气湿度较大的环境中，在干燥或中生的环境常生长不良或死亡。如垂柳。

(4) **水生植物** 适生于水生环境，其根或茎一般都具有较发达的通气组织，它们适宜在水中生长。如荷花。

4. 土壤因子

土壤是园林植物生长的基质，植物通过土壤吸收生长和发育所必需的水分、养分和丰富的氧气。对植物生长影响最大的是土壤的酸碱度，根据植物对土壤酸碱度的要求可分为3类：

(1) **酸性土植物** 在酸性土壤（土壤pH值在6.5以下）中生长最好、最多的种类，如杜鹃、栀子花、山茶等。

(2) **中性土植物** 在中性土壤（土壤pH值在6.5~7.5之间）中生长最佳的种类，绝大多数园林植物属于此类。

(3) **碱性土植物** 在碱性土壤（土壤pH值在7.5以上）中生长最好的种类，如仙人掌、玫瑰、柽柳等。

此外，有些植物在钙质土中生长良好，称为钙质土植物（喜钙植物），如南天竹、柏木、臭椿等。

5. 空气因子

空气对园林植物的影响是多方面的，主要是空气的流动即风、有毒气体和烟尘。种植在街道绿地中的植物要求对烟尘、汽车尾气等有一定的抗性，抗综合性有毒气体的能力强；工矿区绿地需选用对该工厂释放的有毒气体有一定吸收能力或抗性的植物；防护林需选择深根性、抗风力强的树种。抗综合性有毒气体能力强的植物有夹竹桃、海桐、女贞、臭椿等。

三、园林植物的观赏特征

园林植物的观赏特征分为物质方面和精神方面。物质方面指植物本身所具有的观赏习性如花、果、叶等，精神方面指人为赋予的非物质的观赏特点即植物文化。

1. 植物的外形

植物的体量大小、外形存在很大差异，按照不同的配植方式可形成各种不同的空间。规则式园林中选用形态规整的树木如尖塔形、圆锥形、圆球形，自然式园林中多选择外形活泼、自然的形态如垂枝形、拱枝形、伞形等。大多树木的外形为钟形(或卵形)，此类最大众化、朴实、浑厚，规则式种植形成整齐统一的气氛，自然式种植则形成活跃、自由的氛围。树木常见的外形有：

(1) 尖塔形：松科大多数种类的幼龄、成龄树，三尖杉科、红豆杉科植物，如雪松。

(2) 圆锥形：柏科、杉科植物的幼龄、成龄树，如水杉。

(3) 圆柱形：冠幅窄的阔叶树，如钻天杨、珊瑚树。

(4) 圆球形：如海桐。

(5) 钟形(卵形)：大多数阔叶树的外形，如广玉兰。

(6) 伞形：如合欢。

(7) 垂枝形：如垂柳。

(8) 棕榈形：主干不分支，如苏铁、棕榈科植物的大多数。

(9) 拱枝形：如南迎春。

(10) 丛生形：如南天竹。

(11) 匍匐形：如铺地柏。

2. 植物的叶

植物的形和叶观赏时间最长，植物的形态随着树龄的增长、生长环境的变化等而发生变化，但在相对较短的时间内几乎不变，而植物的叶则变化较大，除了叶的颜色、形状、大小、质地方面有不同外，还可随着季节变化而变化，即春色叶和秋色叶，这种景观效果给人感受的强烈程度并不亚于花。常绿树在冬季有景，而落叶树则有明显的季相变化。

(1) 叶的颜色 植物叶的颜色变化给园林增色不少，利用体量大小不等、叶色各不相同的植物进行搭配，可形成丰富多彩的植物景观。

常年叶色——大多数植物为绿色，但有深浅之分。深绿色植物可作浅色小品、雕塑及花的背景，如广玉兰、山茶、黑松等；浅绿色植物可作深色小品、雕塑及花的背景，如玉兰、芭蕉、金钱松等。另外较少的有红褐色的如红檵木。除此之外，目前园林中应用了很多新培育出来的彩色叶植物，如红色的红枫，紫色的紫叶桃、紫叶小檗，黄色的金叶小檗、金叶女贞，花叶的花叶玉簪、花叶络石、金(银)边大叶黄杨等。

春色叶——树木在春季展叶时呈现嫩红或嫩黄的颜色，犹如开花般的效果，如石楠、石榴、檫木、槭树等。

秋色叶——树木在落叶前叶色发生显著变化，如变红、黄、红褐等颜色。"霜重色愈浓"，其景观效果不比观花效果逊色。秋叶红色的如枫香、乌桕、蓝果树、檫木等，秋叶黄色的如银杏、无患子、鹅掌楸等，秋叶红褐色的如水杉。

(2) 叶的形状 植物的叶有单叶和复叶之分，单叶中形状各异，形状稀少的观赏价值较高，如掌状裂的八角金盘、鸡爪槭，形如马褂的鹅掌楸；复叶中的小叶也有大小、形状的区别，如给人轻盈纤细、小叶仅几毫米的合欢，单身复叶的柚树叶。

(3) 叶的大小 植物的叶大小不同，给人以不同的感受。大的叶给人朴实、粗犷之感，如八角金盘、梧桐；小的叶给人以细腻、亲近之感，如合欢、黄杨。

(4) 叶的质感 叶的质地不同，产生不同的质感。革质的叶片，具有较强的反光能力，有光影闪烁的效果，宜近距离观赏，如海桐、山茶；纸质、膜质的叶片，常呈半透明状，给人以恬静之感，如樱花；粗糙多毛的叶片，多富于野趣，如金银花。

(5) 叶的气味 有些植物的叶片手摸或揉碎后具有各种香味，宜近距离观赏，如唇形科、伞形花科、芸香科、樟科植物等。

3. 植物的花

花相对来说观赏时间较短，但观赏效果却是植物的其它观赏部位所无法比拟的。不同的植物，除了花期长短不一外，其花朵大小、开花多少及着花状态都各不相同，有些植物花开如海，宜作风景林、行道树、树林，如樱花、桃花，而有的植物开花则清秀、含蓄，宜植于路边、建筑物周围，如含笑。

(1) 花形 花有单花和花序之分，单朵花的形态各异。花形奇特的宜近距离观赏，如花瓣边缘皱折的紫薇。

(2) 花色 花中最吸引人、也最具有烘托效果的是花的颜色。红、黄系的植物宜植于广场、入口、白色建筑物周围、游览活动区等，白色、蓝色系的植物宜植于安静休息区等。

(3) 花的大小与数量 花径较大的常给人以热闹、雍容富贵之感，花径较小的给人以轻盈、静谧、灵秀之感。单朵花小但呈花序的则尤如大朵花的效果，如栾树。

(4) 花的芳香 有些植物开花时具有各种香味，浓香如桂花，淡香如含笑。

4. 植物的果

植物的果象征丰收和秋季，用于园林中，主要考虑欣赏、增强游览兴趣、吸引动物以增加生物多样性等。

果实的形状——一般以奇、巨、丰为选择标准。果实形状要奇特，如佛手；

果实的大小——果实相对较大的如柚子；果实较小但数量多也有很好的观赏效果，如火棘。

果实的色彩——多选用色彩艳丽的果实，如红色、黄色、橙色系、蓝紫色系等，少数人喜欢白色果实。

果实对动物的诱引力——大多数鸟类喜欢浆果，香花植物可招引蝴蝶、蜜蜂等，松鼠类喜食松籽等。

5. 植物的枝、干

颜色鲜艳或形状特殊（如龙游形、下垂）的植物枝干同样具有观赏价值，宜近距离观赏、作主景，如黄枝槐、龙爪桑。

6. 植物文化

现代园林中提倡生态和文化，植物文化是园林文化的重要组成部分。在中国传统园林中应用的植物种类多被赋予各种文化内涵，其中大多数仍能被现代人所接受。

在中国文化中，松树的地位极其崇高，当得百木之长的荣誉，其挺拔苍翠、生命的顽强和从容，都堪为表率。世上之物，皆以新进少年为贵，只有松柏和梅树，枝干如铁，老而愈发精彩。松柏耐寒，予以抗击环境变化、保持本真、坚强不屈的品格；"松柏为百木长也而守官阙"，为生命的象征。"为草当作兰，为木当作松。兰秋香风远，松寒不改容"。家旁庭中种植松柏不太适宜，松柏一般为陵墓所使用，"柏，阴木也，木皆属阳，而柏向阴指西"。

四、园林植物的应用

认识、了解园林植物的目的是掌握其在园林中的应用。

(一) 园林植物的选择

第一，根据植物的生物学特性来选择园林植物。 不同种类在体量大小、生命周期长短及物候期等方面变化各异,依据园林规划设计的不同要求进行选择。如植株体量较大、冠大荫浓的树种宜作庭荫树；分枝点高、主干光滑、花果不污染衣物的树种宜做树林(林植)；各种不同树形、对光有不同需求、观赏时期不在同时的树种可群植(亦可是同一种)；耐修剪、枝叶浓密的树种宜作绿篱(绿墙)、植物造型；植株低矮、匍匐又枝叶浓密的种类宜作地被；释放的挥发性物质具杀菌作用的植物宜作卫生防护林(保健树种)；深根型、根系发达，枯枝落叶层厚的树种宜作水源林(涵养水源)；菌根或根瘤菌丰富，落叶多、易腐烂(或分解成腐殖质)，枝叶灰分含氮、磷、钾、钙等营养成分高的树种宜作绿肥树种(用于城市绿地中土壤条件差的地方，或称先锋树种)。

第二，根据植物的生态习性进行选择。 每种植物对光、温度、水、土壤、气候方面的要求各不一样，依据立地条件选择相应植物,做到适地适树。如耐干旱瘠薄、具菌根或根瘤菌的树种可用于荒山或立地条件差的城市绿地中，称先锋树种或荒山绿化树种；耐荫或喜半荫的树种可用于栽培群落的中层、建筑物荫庇处等。

第三，根据植物的观赏习性来选择。 每种植物的观赏部位、观赏季节、观赏时间长短等方面各不相同,依据园林规划设计的要求进行选择。如外形较好又喜光的树种宜孤植；季相变化明显的树种宜作风景林；姿态典雅、古朴，花文化底蕴深厚的树种宜与山石、园林建筑等相配；同属或同种植物景观丰富、观赏时期长的宜作专类园。

(二) 园林植物的应用方式

孤植树(庭荫树、庭园树、园景树)：选择喜光、外形整齐、冠大荫浓或有一定观赏价值的植物。

丛植、群植：几株或多株树木配植在一起形成高低错落起伏的群落。对于外形较独特的宜单种配植，如苏铁、雪松；有些树形不宜孤植但与其它种类搭配在一起可形成丰富的天际线和林冠线，宜多种植物搭配，如柏类植物与阔叶树搭配。

行道树、园路树：选择冠大荫浓、分枝点高、耐修剪、抗性强等的乔木用于道路绿地中的人行道旁，观赏价值较高的乔木、小乔木用于一般绿地中的道路旁(即园路树)。

风景林、树林：选择具有季相变化或整体形态优美的植物。

防护树：选择具有抗风、耐火烧、隔音滞尘、杀菌等作用的植物。

绿篱(墙)、植物造型：选择常绿、枝叶浓密、耐修剪的植物。

基础种植：紧靠建筑物的地方配植花灌木、地被或花丛等。

地被植物：株形低矮、枝叶茂盛能严密覆盖地面，可保持水土、防止扬尘、改善气候并具有一定观赏价值的植物。

垂直绿化：利用藤本植物绿化墙壁、棚架、栏杆、枯树、陡直的护坡或山石等。

花坛：将色彩艳丽、花期集中、植株高度整齐的一、二年生植物种植在几何形轮廓的植床内，用植物的群体效果来体现图案纹样或观赏盛花时绚丽景观。

花境：选择花期长、色彩艳丽、栽培管理简单的多年生花卉为主适当配以一、二年生花卉，按自然式配植，形成高低错落、观赏时期不集中的自然式景观。

花丛：将适应性强、可观花或花叶兼备、栽培管理简单的花卉(以多年生为主)根据植株高矮及冠幅大小，数目不等的组合成丛配植阶旁、墙下、路旁、林下、草地、岩际、水畔的自然式种植。

花台：将地面抬高几十厘米，以砖石矮墙围合，其中栽植各种花木。

植物专类园：将品种丰富、花色较多的植物或将某一种观赏特性的植物集中配植在一起形成特色专类园。

五、植物拉丁名

植物的拉丁学名（简称拉丁名或学名）是国际通用的名称，由属名和种加词组成，其后附有命名人的姓氏缩写（第一字母大写）。在种的下面可能有变种(var.)或变型(f.)，它们的拉丁名加在种名之后，前面分别有var.或f.作为标志，其后也附有命名人。拉丁名的主体部分（属名、种加词、变种名、变型名）通常在印刷时用斜体，属名的首字母大写，其余字母一律小写。命名人若是两人，则用et连接；如果两人名之间用ex连接，表示该拉丁名是由前者提议而由后者发表的。拉丁名中有时会出现"×"，它在属名前是属间杂种，在属名之后是种间或种内杂种。园林植物有许多栽培变种(cv.,cultivar.)，也叫园艺变种或品种，其国际通用名一律置于单引号' '内，首字母均要大写，其后不附命名人；按国际新规定，前面也不再冠以cv.标志。在规划设计中编制植物名录表及一般性文章中提到的植物需要附上拉丁名时，可以将命名人全部省略掉，例如：玉兰 *Magnolia denudata*，红檵木 *Loropetalum chinense* var. *rubrum*，紫叶桃 *Prunus persica* 'Atropurpurea'。

六、园林植物的形态及分类

（一）树形

树木的外形可分为棕榈形、尖塔形、圆柱形、卵形、圆球形、平顶形、伞形等。

（二）茎

1. 地上茎的变态

可分为茎刺、茎卷须、叶状茎。

2. 地下茎的变态

可分为鳞茎、球茎、块茎、根状茎。

（三）枝条

1. 枝条各部分名称
2. 分枝类型

图1 树形基本类型

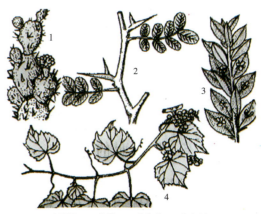

1. 肉质茎　2. 茎刺　3. 叶状茎　4. 茎卷须

图2 地上茎的变态

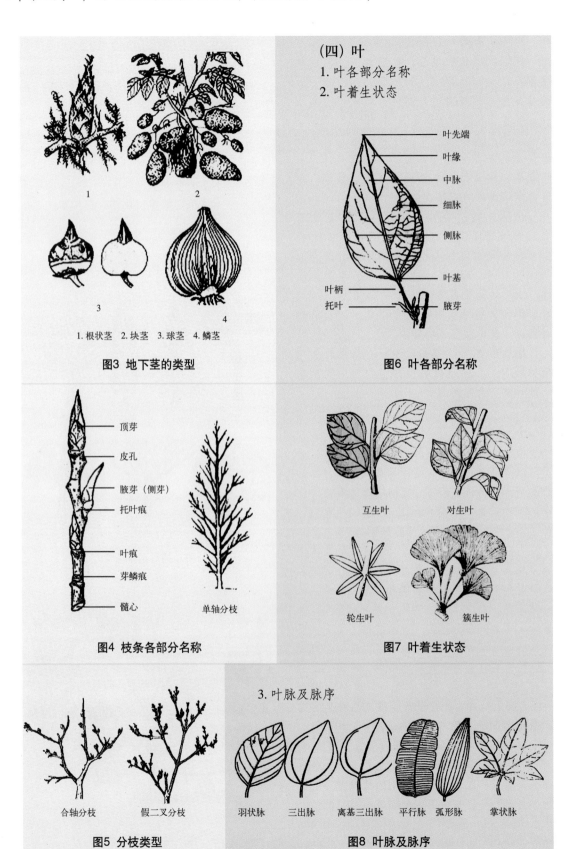

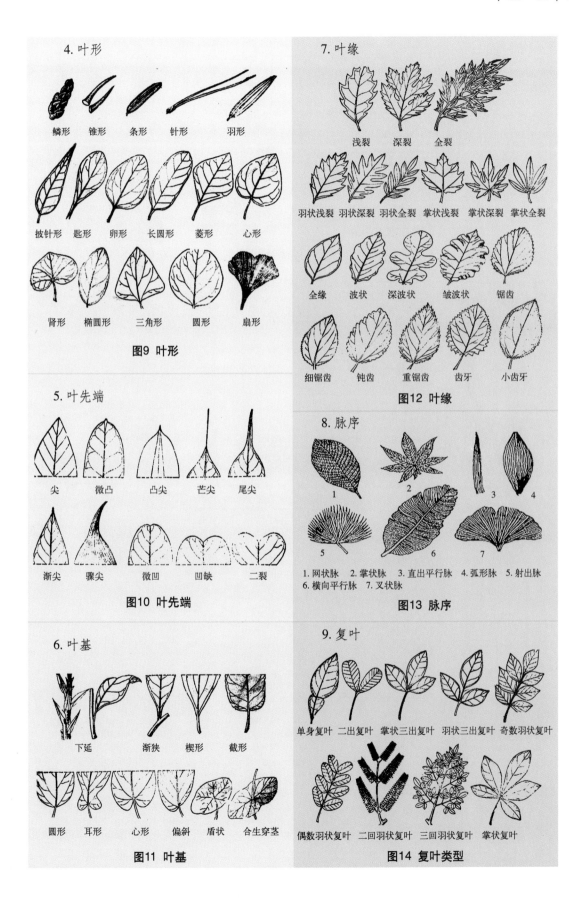

各 论

常绿乔木

1 苏铁（铁树，凤尾蕉，凤尾松） *Cycas revoluta* Thunb. 苏铁科

形态特征：棕榈状，茎高可达 2～5m，柱状不分枝。大羽状复叶集生于顶端，厚革质且坚硬，线形，边缘显著反卷；雌雄异株，雄球花序圆柱形，雌球花序扁球形，种子熟时红色。

习　　性：喜光，稍耐荫；喜温暖湿润气候及酸性土壤。

观赏特征：树形古雅，羽叶洁滑光亮，典型热带风光树种。

园林应用：孤植、丛植。

2 黑松（日本黑松，白芽松） *Pinus thunbergii* Parl. 松科

形态特征：树高可达 30m，树冠幼时呈狭圆锥形，老时扁平伞状；树皮灰黑色。叶 2 针 1 束，粗硬，长 6～12cm，深绿色。

习　　性：喜光，稍耐荫；喜温暖湿润的海洋性季风气候，耐海潮风和海雾，耐干旱瘠薄及盐碱土；根上有菌根共生；松属植物具有杀菌、净化空气的作用。

观赏特征：松"如障、如屏、如绣画，似幢、似盖、似旌旗"。松枝多节，皮如龙鳞，叶似绿钗，干或挺拔或遒劲，或若盘龙、坐虎，枝叶或似簇针，或似马尾，或似凤翼、孔雀羽。

园林应用：可作风景林、行道树或庭园树，也可作海岸防护林、卫生防护林（保健树种）。

3 湿地松 *Pinus elliottii* Engelm. 松科

形态特征：树高可达 30m，树冠幼时呈圆锥形，成年树卵形；树皮灰褐色。针叶 2 针、3 针 1 束并存，粗硬，长 18～30cm，深绿色，腹背两面均有气孔线。

习　　性：喜光性树种；宜生于海拔 150m 以下低丘、平原及沼泽地上，耐水湿，在低洼沼泽地、湖泊、河流边缘生长尤佳；抗病虫能力较强。

观赏特征：树干端直，针叶深绿。

园林应用：低湿地或水边的风景林、卫生防护林。

4　马尾松（青松）　　Pinus massoniana Lamb.　　松科

形态特征：树高可达 45m，树冠壮年期呈狭圆锥形，老年期则开张如伞状；树皮红褐色。针叶 2 针 1 束，罕 3 针 1 束，质软，长 12～20cm。

习　　性：喜光性树种；耐干旱瘠薄；为荒山荒地先锋树种，与栎属、枫香、黄檀、化香、木荷、杉木、毛竹等混植；挥发性物质杀菌能力强。

观赏特征：树干端直，针叶深绿。

园林应用：风景林，水源林（涵养水源），卫生防护林。

5　日本五针松（五钗松，五针松）　　Pinus parviflora Sieb. Et Zucc.　　松科

形态特征：树冠圆锥形；树皮幼时淡灰色，光滑，老则呈现橙黄色，呈不规则鳞片状剥落。叶细短，5 针一束，长 3～6cm，簇生枝端，带蓝绿色，内侧两面有白色气孔线。

习　　性：喜光性树种，比黑松耐荫；对海风有较强的抗性，耐修剪，易整形。

观赏特征：叶灰绿色，春季花初期为粉红或紫红色。

园林应用：最宜与假山石配置成景；或配以牡丹、杜鹃、梅花，以红枫为伴。

6　雪松　　Cedrus deodara (Roxb.) G. Don　　松科

形态特征：树冠尖塔形，大枝不规则轮生，平展，小枝略下垂。叶在长枝上为螺旋状散生，在短枝上簇生；针状，质硬，先端尖细，叶色淡绿至蓝绿。雌雄异株，稀同珠，花单生枝顶。

习　　性：喜光，稍耐荫；不耐水湿，较耐干旱瘠薄；抗烟害能力差，幼叶对二氧化硫和氟化氢极为敏感；有较强的防尘、减噪与杀菌能力。

观赏特征：树体高大，大枝平展，树形优美；夏季粉绿色的球果上具白色的横条纹。

园林应用：孤植、列植、丛植，最宜与草坪配置，卫生防护林（保健树种）。

品　　种：1. 垂枝雪松'Pendula'枝明显下垂。

　　　　　2. 金叶雪松'Aurea'春天嫩叶金黄色。

7 柳杉（孔雀杉，孔雀松） *Cryptomeria fortunei* Hooibrenk 杉科

形态特征：树高可达 40m，树冠塔状圆锥形；树皮红棕色，长条状脱落；小枝细长，明显下垂；叶钻形，长 1～1.5cm，微向内屈，四面具白色气孔线，螺旋状排列。

习　　性：喜光，稍耐侧方庇荫；在终年云雾缭绕的群山峡谷或是海洋性气候环境生长最佳，多组成纯林或与杉木、黄山松、马尾松、水杉、麻栎、金钱松等混生；对二氧化硫、氯气、氟化氢等有较好的抗性；可分泌杀菌素杀死细菌。

观赏特征：树形圆整高大，绿叶婆娑。叶入冬转为红褐色，来春又转为绿色。

园林应用：风景林、孤植、群植，卫生防护林（保健树种），在江南多用作墓道树。

8 扁柏（日本扁柏） *Chamaecyparis obtusa* (Sieb.et Zucc.) Endl. 柏科

形态特征：树冠尖塔形；树皮红褐色，裂成薄片。鳞叶先端钝，肥厚，两侧之叶对生成"Y"形，且远较中间之叶为大,叶背面白色气孔带呈"Y"形。

习　　性：中性树，较耐荫；喜凉爽湿润气候及较湿润而排水良好的肥沃土壤；浅根系。

观赏特征：树形及枝叶均美丽可观，许多品种具有特殊的枝形、树形和叶色。

园林应用：园景树、树丛、绿篱、基础种植，风景林，卫生防护林（保健树种）。

品　　种：1. 金叶扁柏'Aurea'新叶金黄色
2. 凤尾柏'Filicoides'灌木，小枝短，末端鳞叶枝短而扁平，排列紧密，外形颇似凤尾蕨。

9 花柏（日本花柏） *Chamaecyparis pisifera* (Sieb.et Zucc.) Endl.　柏科

形态特征：树冠尖塔形；小枝片平展而略下垂。鳞叶先端尖锐，两侧之叶大于中间者不多，叶背面白色气孔带明显且呈蝴蝶形。

习　　性：中性树，较耐荫；喜温凉湿润气候及湿润土壤。

观赏特征：树形及枝叶均美丽可观，许多品种具有特殊的枝形、树形和叶色。

园林应用：园景树、树丛、绿篱、基础种植、风景林、卫生防护林（保健树种）。

品　　种：1. 金叶花柏'Aurea'叶金黄色
2. 绒柏'Squarrosa'灌木或小乔木，叶全为柔软的线形刺叶，灰蓝色。

花柏

绒柏

10 圆柏（桧柏） *Sabina chinensis* (L.) Antoine　柏科

形态特征：高可达20m，树冠圆锥形至广圆形。叶二型：成年树及老树以鳞叶为主，鳞叶先端钝；幼树常为刺叶，多3枚轮生，上面微凹，有两条白色气孔带。

习　　性：喜光，也耐荫；适应性强，耐干旱瘠薄及盐碱，亦稍耐湿；耐修剪，易整形；对有毒气体抗性强，滞尘减噪效果显著。

观赏特征：树冠由圆锥形到伞形，大树干枝扭曲，姿态奇古，枝叶如盖，并具芳香，古庭院、古寺庙等风景名胜区多有千年古柏，"清"、"奇"、"古"、"怪"各具幽趣。

园林应用：与阔叶树群植；绿篱、造型；墓地、陵园树种；石灰岩山地绿化；卫生防护林（保健树种）。附近不宜植苹果属、梨属植物。

品　　种：栽培品种很多，在株形、叶色等方面变化很大。
1. 金叶柏'Aurea'直立灌木，宽塔形，高3～5m；小枝具刺叶和鳞叶，刺叶中脉及叶缘黄绿色，嫩枝端的鳞叶金黄色。
2. 球桧'Globosa'丛生灌木，近球形，枝密生；全为鳞叶，偶有刺叶。
3. 塔柏'Pyramidalis'树冠圆柱状塔形，枝向上直伸，密生；也几全为刺叶。

11 龙柏 Sabina chinensis (L.) Antoine 'Kaizuca' 柏科

形态特征：高约 8m，树体圆柱状；冠幅约 3m。树态瘦峭，侧枝环抱主干扭曲上伸，形如盘龙，全为鳞叶。

习　　性：喜光，耐荫；适应性强，对烟尘及多种有毒气体抗性较强。

观赏特征：小枝略扭曲上升，具动感；嫩叶黄绿色，后呈翠绿色。

园林应用：纪念性树种；或与阔叶树群植。

12 福建柏（建柏，滇柏） Fokienia hodginsii (Dunn) Henry et Thomas 柏科

形态特征：树高达 20m，树冠尖塔至卵形。小枝扁平，鳞叶大而薄，枝片上面叶绿色，下面叶有白色气孔群。

习　　性：喜光，稍耐荫；喜温暖多雨气候及酸性土壤，常与长苞铁杉、华南五针松、金叶含笑等混生。

观赏特征：树干挺拔，鳞叶紧密，蓝白相间。

园林应用：片植、列植、草坪内孤植；风景林（与落叶阔叶树混交）；卫生防护林（保健树种）。

13 罗汉松（罗汉杉，土杉） Podocarpus macrophyllus (Thunb.) Sweet 罗汉松科

形态特征：树高可达 20m，树冠广卵形；枝干开展密生。叶线状披针形，长 5～8cm，螺旋状互生，两面中脉明显而隆起。种子核果状，着生于肉质的紫色种托上，全形如披着袈裟的罗汉。

习　　性：中性树种；喜水湿，不耐旱；抗病虫能力强；耐海潮盐雾风，对各种有毒气体抗性较强，耐修剪。

观赏特征：树形优美，枝叶苍翠，夏秋果实累累，满树紫红点点，颇富奇趣（种子着生在膨大的紫红色种托上，形似罗汉而得名）。

园林应用：孤植、对植或丛植，造型；与山石搭配；海边风景林、防护林；地栽盆景。

14 竹柏（竹叶柏）　*Podocarpus nagi* (Thunb.) Zoll. Et Mor. Ex Zoll　罗汉松科

形态特征：高达 20m，树冠广圆锥形；树干通直。叶卵状长椭圆形至披针状椭圆形，长 3.5～9cm，厚革质具多数平行细脉，对生或近对生，排成两列。雌雄异株。种子球形，单生叶腋，熟时紫黑色，有白粉，种托干缩、木质。

习　　性：耐荫树种；对土壤要求较严，在排水好而湿润富含腐殖质的深厚呈酸性的土壤中生长良好，常生于山地下坡、沟谷两旁。

观赏特征：叶形似竹，枝叶翠绿，四季常青，树形美观。

园林应用：庭荫树，群植；风景林。

15 南方红豆杉（美丽红豆杉）　*Taxus chinensis* (Pilger) Rehd. var. *mairei* (Lemee et Levl.) Cheng et L. K. Fu　红豆杉科

形态特征：高可达 16m。叶二列状排列，常呈镰状弯曲，长 2～3.5cm，叶面中脉明显，背面气孔带黄绿色。种子倒卵圆形，假种皮鲜红色。

习　　性：耐荫树，喜阴湿环境；多生于沟谷、山麓常绿阔叶林或常绿落叶阔叶混交林中，宜与枫香、鹅掌楸、壳斗科植物混生。

观赏特征：枝叶浓郁清秀，树形优美，种子成熟时满枝鲜红的假种皮逗人喜爱。

园林应用：建筑物荫蔽处孤植、丛植，群落中层，风景林（中层）。

16 广玉兰（洋玉兰，荷花玉兰）　Magnolia grandiflora L.　木兰科

形态特征：高可达 16m，树冠圆锥形；枝常具环状托叶痕（木兰科植物的特征），小枝、叶下面、叶柄密被褐色短绒毛。单叶，互生，厚革质，椭圆形或长圆状椭圆形，长 10～20cm，叶表面深绿而有光泽，叶背面锈褐色，叶缘略反卷。花白色，芳香，径 15～20cm。花期 5 月。

习　　性：喜光；对多种有毒气体及烟尘抗性强，并有吸收汞蒸气、二氧化硫的能力，很少有病害。

观赏特征：花大而芳香，初夏开放；蓇葖果成熟后开裂，露出鲜红色的种子，颇美观。

园林应用：行道树、庭园树、丛植（作背景）；工矿区绿化，卫生及防火林带树种。

17 乐昌含笑（景烈白兰）　Michelia chapensis Dandy　木兰科

形态特征：高可达 30m，树冠卵形；树干上有眼状枝痕；全体近无毛。叶薄革质，倒卵形至长圆状倒卵形，长 6～15cm，先端短尖。花淡黄色，具芳香；花期 3～4 月。

习　　性：喜光；能耐地下水位较高的环境，在过于干燥的土壤中生长不良。

观赏特征：树干挺拔，树荫浓郁，花清秀而芳香醉人。

园林应用：孤植、丛植、列植、风景林。

18 阔瓣含笑（云山白兰）　Michelia platypetala Hand.-Mazz.　木兰科

形态特征：树高 20m；芽、幼枝、嫩叶均密被红褐色绢毛，后脱落。叶革质，长椭圆形，长 10～17cm，全缘，深绿色，叶背被白粉。花单生于枝梢叶腋，白色，有芳香，直径 10～12cm；花期 2～3 月。

习　　性：喜光；适应性强，抗干热。

观赏特征：早春花洁白如玉，花期长，芳香。

园林应用：风景林，孤植、丛植（作背景）。

| 常绿乔木 | 17

19 醉香含笑（火力楠） *Michelia macclurei* Dandy　　木兰科

形态特征：树高达30m，树冠呈塔形；芽、幼枝、嫩叶、叶柄、花梗均被红褐色发亮的短柔毛。叶倒卵状椭圆形，长7～14cm，厚革质，背面被灰色或淡褐色细毛，网脉细，蜂窝状；叶柄上无脱叶痕。花白色，芳香；花期3～4月。

习　　性：喜光，稍耐荫；耐水湿；抗风能力强；滞尘能力强，抗污染，耐火烧。

观赏特征：树干直，树形整齐美观，枝叶繁茂；春季白花，有香气。

园林应用：庭荫树、行道树，风景林，防护林。

20 乐东拟单性木兰 *Parakmeria lotungensis* (Chun et C.Tsoong) Law　　木兰科

形态特征：高可达30m，树冠卵形；树皮灰白色，光滑；全株无毛。叶革质，椭圆形或狭椭圆形，长6～11cm，叶面深绿色，有光泽，叶背青绿色，边缘有透明边带。花淡黄至白色，顶生，有香味；花期4～5月。

习　　性：喜光，耐荫；喜温暖湿润气候，适应性强，喜土层深厚、肥沃、排水良好的酸性土壤，中性和微碱性土壤中都能正常生长。

观赏特征：树干通直，叶厚革质，叶色亮绿，春天新叶深红色，初夏白花清香远溢。

园林应用：孤植、丛植，行道树，风景林，厂矿绿化；宜与松、杉混交种植。

21 木莲　　Manglietia fordiana Oliv.　　木兰科

形态特征：高达20m，树冠椭圆形至半球形；树皮灰褐色，平滑，皮孔明显；幼枝及芽有红褐色短毛。叶互生，长椭圆形至倒披针形，长12～16cm，全缘，背面疏生红褐色毛；叶柄红色。花单生枝顶，白色具清香；花期5月。

习　　性：中性偏耐荫树种，在侧方庇荫处生长最佳；常与槠、栲类、木荷及樟属植物等混生；不耐干热、水渍；抗风力强。

观赏特征：枝叶繁茂，绿荫如盖；早春嫩叶红色；初夏盛开白色花朵，冰清玉洁，清香阵阵，宛如端莲，而名。

园林应用：庭园树、园路树、孤植、群植、风景林、水源林（涵养水源）。

22 樟树（香樟）　　Cinnamomum camphora (Linn.) Presl　　樟科

形态特征：高达30m，树冠近球形。叶互生，卵状椭圆形，长5～8cm，叶缘波状，叶背面灰绿色，有白粉，薄革质，离基三出脉，脉腋有腺体。花序腋生，花小，黄绿色。

习　　性：喜光；耐湿；耐修剪；抗有毒气体及烟尘能力强，能吸收多种有毒气体；挥发性物质能杀菌、驱除蚊蝇、净化空气；滞尘减噪效果好。

观赏特征：树冠圆满，冠大浓荫，嫩叶红色或黄色；花时有香味。

园林应用：庭荫树、行道树、风景林、群植（作背景树）、卫生防护林（保健树种）。

23 红楠（猪脚楠，小叶楠，红润楠） *Machilus thunbergii* Sieb. et Zucc.　　樟科

形态特征：树高达20m，树冠卵形；小枝无毛。叶倒卵状椭圆形，长4.5～13cm，革质，叶背有白粉，叶柄红色。果柄红色。

习　　性：喜光，稍耐荫；喜山地阴坡湿润地或山谷、溪边，常与甜槠、木荷、黄樟、猴欢喜、钩栗等混生；有一定的抗旱能力，也耐水湿，并有一定的耐盐碱和抗海风能力，抗有毒气体能力强。

观赏特征：树冠浓密优美，嫩叶红色或黄色，果梗红色，十分醒目。

园林应用：园景树，行道树，风景林，防护林。

24 紫楠（紫金楠，金心楠，金丝楠） *Phoebe sheareri* (Hemsl.) Gamble　　樟科

形态特征：高达15m；树皮灰褐色，小枝、芽、叶、花序、花均密被黄褐色绒毛。叶革质，倒卵形至倒披针形，长8～27cm，大小不一，背面网脉隆起并密生锈色绒毛。

习　　性：阴性树种，在全光照下常生长不良；常与枫香、麻栎、七叶树、樟树、榉树、无患子、枳椇、毛竹等混生；抗风力及抗火性强，不耐污染。

观赏特征：紫楠树体高大、端正美丽，枝繁叶茂。

园林应用：庭荫树，风景林，防火林带。

25 莽草（披针叶八角） *Illicium lanceolatum* A.C.Smith　　八角科

形态特征：高 3～10m，树冠卵圆至圆球形。叶革质，集生枝顶，长椭圆状倒披针形，长 5～15cm，全缘，嫩叶柄常红色。花单生或者 2～3 朵簇生叶腋，红色或深红色，花梗细长下垂。花期 4 月。

习　　性：极耐荫，怕晒；常生于阴湿山谷和溪流沿岸；耐一定的干旱瘠薄；抗二氧化硫等有害气体。但其种子、果实有剧毒，切不可误作八角。

观赏特征：花红色或深红色，娇艳可爱；叶厚翠绿，树型优美。

园林应用：群落中层，孤植、丛植于建筑物荫蔽处。

26 米老排（壳菜果） *Mytilaria laosensis* Lec.　　金缕梅科

形态特征：高达 25m，树冠球状伞形；树干通直，小枝具环状托叶痕。叶宽卵圆形，长 10～13cm，全缘或 3 浅裂，掌状 5 出脉，叶柄长 7～10cm，幼叶盾生。

习　　性：喜光；喜暖热、干湿季分明的热带季雨林气候，适生于深厚湿润、排水良好的山腰与山谷阴坡、半阴坡地带，常与竹柏、枫香、木荷、拟赤杨等混生；不耐积水。

观赏特征：树干通直，树形整齐优美；叶色黄绿，枝叶浓密，嫩叶红色。

园林应用：庭荫树、行道树，风景林，水源林（涵养水源）。

27 蚊母树（蚊子树）　　*Distylium racemosum* Sieb. et Zucc.　　金缕梅科

形态特征：高达 16m，栽培常呈灌木状；树冠开展，成球形；嫩枝及裸芽被垢鳞，小枝略呈"之"字形。单叶互生，革质，倒卵状长椭圆形，长 3～7cm，常有虫瘿。花小而无花瓣，红色的雄蕊十分显眼，腋生短总状花序，花期 4 月。

习　　性：喜光，耐荫；耐贫瘠；萌芽力强，耐修剪；对有害气体、烟尘均有较强抗性。

观赏特征：枝叶密集，树形整齐，叶色浓绿；春日开细小红花，颇美丽。

园林应用：基础种植，绿篱（墙）或造型，工矿区绿化树种。

28 杨梅（山杨梅）　　*Myrica rubra* (Lour.) Sieb.et Zucc.　　杨梅科

形态特征：高达 15m，树冠圆球形；树皮灰色，老时浅纵裂；嫩枝及叶背有油腺点。叶长圆状倒卵形或倒披针形，长 6～16cm，全缘或于端部有浅齿。雌雄异株，雄花序紫红色。核果球形，深红或紫红色，被乳头状突起，径 1cm 以上。果熟期 6～7月。

习　　性：中性树，不耐强烈的日照；喜空气湿度大、喜排水良好的酸性沙壤土，稍耐瘠薄；有菌根；对二氧化硫和氯气抗性较强。

观赏特征：枝叶茂密，树冠圆整，果色鲜艳。

园林应用：丛植、孤植于林下、建筑物荫蔽处，林植。

29 枇杷（卢橘）　　*Eriobotrya japonica* (Thunb.) Lindl.　　蔷薇科

形态特征：高可达10m；小枝、叶背及花序密生锈色绒毛。单叶互生，革质，长椭圆状披针形，长12～30cm，中上部疏生浅齿，表面浓绿色多皱。圆锥花序花多而紧密；花序梗、花柄、萼筒密生锈色绒毛；花白色，芳香，果实近球形或长圆形，黄色或桔黄色。花期10～12月，果期翌年4～6月。

习　　性：喜光，稍耐荫；对有毒气体抗性强，滞尘减噪效果好。果实可诱鸟。

观赏特征：树形整齐美观，叶大荫浓，冬日白花盛开，初夏黄果累累。因果形似琵琶而得名。

园林应用：庭园树、丛植、林植，也可与山石相配。

30 石楠　　*Photinia serrulata* Lindl.　　蔷薇科

形态特征：高可达6m，树冠卵形。单叶互生，革质，长椭圆形至倒卵状长椭圆形，长10～20cm，疏生具腺细锯齿，幼叶及萌生枝的叶锯齿具刺尖，叶柄粗壮。顶生复伞房花序，花小而白色。梨果近球形，熟时红色。花期4～5月，果熟10～11月。

习　　性：喜光，稍耐荫；常生石灰岩山地阔叶林中；耐干旱瘠薄，耐修剪；对烟尘和有毒气体有一定抗性，且具隔音功能。

观赏特征：树冠圆整，枝叶浓密；初春嫩叶紫红，春末白花点点，秋日红果累累。

园林应用：孤植、丛植，基础种植，宜配植于整形式园林中。

31 椤木石楠（椤木，凿树）　　*Photinia davidsoniae* Rehd. et Wils.　　蔷薇科

形态特征：高 5～16m；树干、枝条常有刺。叶片革质，长椭圆形至倒卵状披针形，长 5～15cm，基部楔形，边缘稍反卷，有细腺齿。复伞形花序，花多而密；花序梗、花柄贴生短柔毛，花白色。梨果黄红色，球形或卵形。花期 5 月，果期 9～10 月。

习　　性：中性树，耐荫；耐旱，耐修剪。

观赏特征：嫩叶红色，果黄红色。

园林应用：孤植、列植或与其他树组合丛植，做雕塑的背景材料，可密植成高篱。

32 木荷（荷树）　　*Schima superba* Gardn et Champ.　　山茶科

形态特征：高达 30m，树冠广圆形；树皮灰褐色，深纵裂。叶长椭圆形，长 10～12cm，深绿色，边缘具钝锯齿。花白色，芳香，花径约 3cm，单生叶腋或成顶生短总状花序；花期 5 月。

习　　性：喜光；常与马尾松、青冈栎、麻栎、苦槠、樟树、油茶等混生；耐干旱瘠薄，忌水淹，抗风雪力强，可防火；绿肥树种。

观赏特征：树冠宽展，叶绿荫浓；初夏开乳白色花，芳香；入冬部分叶色转红。

园林应用：庭荫树，风景林，丛植（作背景），水源林（涵养水源），防火林带树种。

33 厚皮香　　*Ternstroemia gymnanthera* (Wight et Arn.) Sprague　　山茶科

形态特征：高达 3～8m，树冠卵形；近轮状分枝。叶集生枝顶，革质，椭圆形至长圆状倒卵形，长 5.5～9cm，全缘，表面绿色，背面淡绿色，叶柄红色。花淡黄色，有香味。果球形，熟时紫红色。花期 5～7 月，果熟期 10 月。

习　　　性：喜光，较耐荫；常与栲属、水青冈等混生；对二氧化硫、氯气、氟化氢、汞蒸气等有较强的抗性，对二氧化硫具有吸收能力。

观赏特征：树冠浑圆，枝叶层次感强，叶厚而亮，入冬转绯红。

园林应用：宜林下、林缘等处基础种植，厂矿区绿化树种。

34 杜英　　*Elaeocarpus decipiens* Hemsl.　　杜英科

形态特征：高 15m；树皮不裂，嫩枝被微毛。单叶互生，革质，倒披针形至披针形，长 7～12cm，先端尖，基部狭而下延，缘有钝齿。绿叶丛中常存少量鲜红的老叶。花下垂，白色，腋生总状花序，花期 4～5 月。

习　　　性：喜光，稍耐荫；常与栲树、青冈栎、枫香、南酸枣等混生，对二氧化硫抗性强。

观赏特征：枝叶茂密，树冠圆锥形，常年少量红叶间在树体中。

园林应用：风景林，行道树，丛植作背景，防护林带树种。

35 山矾　　*Symplocos sumuntia* Buch. -Ham. Ex D.Don Prod.　　山矾科

形态特征：高 8m；幼枝褐色。单叶互生，革质，卵圆形、倒披针状椭圆形，长 4～8cm，先端常呈尾状渐尖，边缘具浅波状齿，两面无毛，中脉在上面凹下。总状花序长 2.5～4cm，花白色芳香；花期 4 月。

习　　　性：中性树种，生于常绿林中；喜温暖湿润气候，喜排水良好肥沃深厚的酸性土。

观赏特征：4 月满树白花，芳香；树冠整齐。

园林应用：群落中层，建筑物周围荫蔽处。

36 构骨（鸟不宿，猫儿刺） *Ilex cornuta* Lindl. et Paxt. 冬青科

形态特征：高 3～4m；树皮灰白色，平滑。叶硬革质，矩圆形，具尖硬刺齿 5 枚，叶端向后弯，上面深绿色有光泽，背面淡绿色。花黄绿色，簇生于二年生枝叶腋。核果球形，鲜红色。果熟期 9 月。

习　　性：喜光，颇耐荫；喜酸性土壤，常见于荒地、荒坡；耐干旱瘠薄，耐修剪；耐烟尘，抗二气化硫和氯气。

观赏特征：枝叶稠密，叶形奇特，浓绿光亮；红果鲜艳，经冬不凋。

园林应用：孤植（配假山石或花坛中心），丛植、对植，绿篱，造型。

品种变种：无刺构骨 var. *fortunei* S.Y.Hu 叶缘无锯齿。

37 冬青 *Ilex chinensis* Sims 冬青科

形态特征：高达 15m；全体无毛。叶互生，薄革质，长椭圆形，长 6～11cm，基部下延成狭翅，缘具钝齿，表面深绿色，有光泽。花单生，雌雄异株，聚伞花序生于当年生枝叶腋，淡紫色，有香气。核果椭圆形，熟时呈深红色，经冬不落。花期 5 月，果熟期 10～11 月。

习　　性：喜光，稍耐荫；常与青冈栎、石栎、杜英、山矾等混生；耐修剪；对二氧化硫抗性强。

观赏特征：枝叶茂密，四季常青；入秋红果累累，经冬不凋。

园林应用：园景树，绿篱，群落中层，建筑物荫蔽处。

38 桂花（木犀，岩桂，山桂，天竺桂） Osmanthus fragrans (Thunb.) Lour. 木犀科

形态特征：高达 12m；树皮灰色，不裂。单叶对生，长椭圆形，长 5～12cm，全缘或上半部疏生细锯齿。花伞状簇生叶腋，花小，黄、白、橙红等色，极芳香。核果椭圆形，熟时紫黑色。花期 9～10 月。

习　　性：喜光，稍耐荫；喜温暖和通风良好的环境，适生于土层深厚、排水良好、富含腐殖质的偏酸性砂质壤土；对有毒气体有一定抗性，对臭氧、汞蒸气有一定吸收能力。

观赏特征：树冠圆整，花期正值中秋，有"独占三秋压群芳"的美誉，花极芳香；自古以来，桂花成为美好事物的象征，被称之为"仙客"、"仙友"（因花时凌霜而开，清雅高洁，超凡脱俗，颇有几分仙风道骨）。

园林应用：孤植、对植、列植、林植，园路树。

变　　种：四季桂 var. *semperflorens* Hort. 花白色或黄色，花期 4～11 月，可连续开放。

39 女贞（蜡树） Ligustrum lucidum Ait. 木犀科

形态特征：高达 15m，树冠倒卵形。单叶对生，革质，卵形至卵状长椭圆形，长 6～12cm，全缘，表面深绿有光泽，背面淡绿色。圆锥花序顶生，小花密集，白色芳香。核果椭球形，蓝黑色。花期 4～5 月，果期 11～12 月。

习　　性：喜阳光，稍耐荫；不耐干旱瘠薄；耐修剪；对有毒气体抗性强并有一定吸收能力。

观赏特征：夏季满树白花，芳香；凌冬青翠，有贞守之操，故以为名。

园林应用：绿篱（墙），行道树，风景林，工矿绿化。

40 柚　　*Citrus maxima* (Burm) Merr.　　芸香科

形态特征：高可达 10m；小枝具棱有毛，常有枝刺。叶阔椭圆形，长 8～20cm，缘有浅齿；叶柄具倒心形的宽翅。花白色，芳香；果特大，球形或梨形，径 15～25cm，黄色。花期 4 月，果熟 9～11 月。

习　　性：喜光，稍耐荫；喜肥沃、排水良好的壤土。

观赏特征：春季白花，芳香；秋季黄果，可食。

园林应用：庭园孤植、丛植、列植；与其它树种群植。

41 红翅槭（罗浮槭）　　*Acer fabri* Hance　　槭树科

形态特征：高 3～5m，树冠广卵形至伞形；全体无毛。单叶对生，披针形或长圆披针形，长 7～10cm，全缘，革质，有光泽；小枝、叶柄红色。翅果张开成钝角，由红色变为黄褐色。

习　　性：中性树，喜半荫环境；生于沟谷、溪边湿润林中。

观赏特征：树冠浓绿，枝叶清秀，春末夏初嫩果鲜红。

园林应用：群落中层，建筑物荫蔽处，庭园树。

42 珊瑚树（法国冬青）　　*Viburnum odoratissimum* Ker var. *awabuki* (K.Koch) Zab　　忍冬科

形态特征：高可达 10m，树冠圆柱形。叶革质，椭圆形至倒卵状长椭圆形，长 7～15cm，先端钝尖，全缘或上部有疏钝齿，叶柄褐色。圆锥状聚伞花序顶生，白色芳香；果红色。花期 5 月，果熟期 8～10 月。

习　　性：喜光，稍耐荫；对有毒气体抗性较强，对汞和氟有一定吸收能力；耐烟尘，耐修剪；抗火力强。果实可诱鸟。

观赏特征：树冠圆柱形，春季密集白色小花，夏季红果累累。

园林应用：绿篱或绿墙，防护林，工矿区绿化。

43 棕榈（棕树，山棕） *Trachycarpus fortunei* (Hook.f.) H. Wendl. 棕榈科

形态特征：高达 15m；茎呈圆柱状，不分枝，具纤维网状叶鞘。叶圆扇形，掌状深裂，径 30～60cm，有长叶柄 40～100cm。雄雌异株，圆锥状肉穗花序，花小而黄色；核果肾状球形，蓝黑色。花期 4～5 月，果 10～11 月熟。

习　　性：喜光，较耐荫；耐一定干旱和水湿，喜肥；耐烟尘，对有毒气体抗性强并有一定吸收能力。

观赏特征：树干挺拔秀丽，典型的热带风光树种。

园林应用：列植、丛植。

44 长叶刺葵（加那利海枣） *Phoenix canariensis* Hortorum ex Chabaud 棕榈科

形态特征：高可达 20m；茎单干不分枝，具紧密排列的平整的扁菱形叶痕。羽状复叶，长达 5～6m，小叶基部内折，基部小叶呈刺状，小叶在中轴上排列成数行。花单性异株，花序长约 2m。浆果球形，长约 1.8cm，橙黄色，夏季果熟。

习　　性：喜光；喜高温、多湿的热带气候，耐干旱、瘠薄的土壤。

观赏特征：树干高大雄伟，羽叶细裂而伸展，形成一密集的羽状树冠，颇显热带风光。

园林应用：列植、对植、孤植。

| 45 | 老人葵（华盛顿葵） | *Washingtonia filifera* (Linden) H. Wendl. | 棕榈科 |

形态特征：高可达15m；树干粗壮通直，茎干基部不膨大，横向叶痕不明显，但纵向裂纹明显。叶簇生干顶，掌状叶叶身直径达2m，裂片间丝状纤维长期宿存，叶柄长达2m。叶间花序，长约4m。核果球形。

习　　性：喜光；耐热，耐寒，耐湿，耐干旱瘠薄，抗污染。

观赏特征：干枯的叶子下垂覆盖于茎干似裙子，有人称之为"穿裙子树"，奇特有趣；叶裂片间具有白色纤维丝，似老翁的白发，又名"老人葵"。

园林应用：孤植、列植、群植。

| 46 | 布迪椰子（冻椰） | *Butia capitata* (Mart.) Becc. | 棕榈科 |

形态特征：高可达6m；茎单干型，叶基宿存，后脱落。叶拱形，一回羽状分裂，长约2m，蓝绿色，小叶基部外折，叶柄具刺。

习　　性：喜光，稍耐荫；耐寒。

观赏特征：叶蓝绿色。

园林应用：孤植、列植、群植。

常绿乔木分种检索表

1. 种子有包被，叶宽阔 ·············· 16
1. 种子无包被，叶为针叶、鳞叶、刺叶：
   2. 叶不为针形 ·············· 7
   2. 叶为针形：
3. 针叶不成束 ·············· 6雪松
3. 针叶成束：
   4. 针叶5针一束 ·············· 5日本五针松
   4. 针叶2或3针一束：
5. 针叶2针、3针并存 ·············· 3湿地松
5. 针叶2针一束：
   6. 松针粗硬，长6～12cm ·············· 2黑松
   6. 松针细软下垂，长12～20cm ·············· 4马尾松
7. 叶为羽状，茎干不分枝 ·············· 1苏铁
7. 叶为单叶，茎干分枝：
   8. 叶为线状锥形 ·············· 7柳杉
   8. 叶不为线状锥形：
9. 叶为鳞叶或刺叶 ·············· 12
9. 叶不为鳞叶或刺叶：
   10. 叶长椭圆形，厚革质，对生，似竹叶 ······ 14竹柏
   10. 叶线形：
11. 叶螺旋状着生不弯曲，种子着生于肥大肉质的紫色种托上 ·············· 13罗汉松
11. 叶近2列排列，镰刀状弯曲，假种皮杯状红色 ·············· 15南方红豆杉
   12. 鳞叶较大，长4mm以上 ·············· 12福建柏
   12. 鳞叶较小，长4mm以下：
13. 叶二型，鳞叶或刺叶 ·············· 10圆柏
13. 叶全为鳞叶：
   14. 小枝扭转上升 ·············· 11龙柏
   14. 小枝平展：
15. 鳞叶先端钝，叶背气孔带呈Y形 ·············· 8扁柏
15. 鳞叶先端尖，叶背气孔带呈蝴蝶形 ·············· 9花柏
   16. 叶簇生茎端，茎不分枝 ·············· 17
   16. 叶不簇生茎端，茎分枝 ·············· 20
17. 叶掌状裂 ·············· 19
17. 叶羽状裂：
   18. 叶灰绿色 ·············· 44长叶刺葵
   18. 叶灰蓝色 ·············· 46布迪叶子
19. 叶裂片边缘有垂挂的纤维丝 ·············· 45老人葵
19. 叶裂片边缘无垂挂的纤维丝 ·············· 43棕榈
   20. 叶为单身复叶 ·············· 40柚
   20. 叶为单叶：
21. 叶互生 ·············· 25
21. 叶对生：
   22. 果为翅果 ·············· 41红翅槭
   22. 果为核果：
23. 果熟时为红色 ·············· 42珊瑚树
23. 果熟时为蓝黑色或蓝紫色：
   24. 圆锥花序顶生，叶缘光滑 ·············· 39女贞
   24. 聚伞花序腋生，叶缘常有齿 ·············· 38桂花
25. 小枝无环状托叶痕 ·············· 32
25. 小枝具环状托叶痕：
   26. 叶掌状3～5浅裂 ·············· 26米老排
   26. 叶不裂：
27. 花顶生 ·············· 30
27. 花腋生：
   28. 芽、叶柄、叶面具红褐色绒毛 ·············· 19醉香含笑
   28. 芽光滑，无毛：
29. 顶芽、叶下面有白粉；花白色 ······ 18阔瓣含笑
29. 顶芽、叶下面无白粉；花黄色 ······ 17乐昌含笑
   30. 叶缘透明 ·············· 20乐东拟单性木兰
   30. 叶缘不透明：
31. 叶狭长形，两面无毛 ·············· 21木莲
31. 叶椭圆形，叶背密被锈色毛 ·············· 16广玉兰
   32. 叶缘具齿或部分具齿 ·············· 37
   32. 叶全缘：
33. 叶背有毛 ·············· 24紫楠
33. 叶背无毛：
   34. 叶脉为离基三出脉 ·············· 22樟树
   34. 叶脉不为离基三出脉：
35. 叶狭长形 ·············· 33厚皮香
35. 叶卵状椭圆形：
   36. 枝叶有香味 ·············· 23红楠
   36. 枝叶无香味 ·············· 25莽草
37. 叶缘锯齿为5个，尖刺状 ·············· 36构骨
37. 叶缘锯齿为多个，不为尖刺状
   38. 树上常年挂有少量红叶 ·············· 34杜英
   38. 常年为绿色
39. 叶面有虫瘿，呈突起状 ·············· 27蚊母树
39. 叶面光滑：
   40. 花单性或杂性异株 ·············· 41
   40. 花两性 ·············· 42
41. 核果球形外被乳头状突起，紫红色，春季成熟 ·············· 28杨梅
41. 核果椭圆形，红色，秋季成熟 ·············· 37冬青
   42. 叶表面羽状脉凹入明显 ·············· 29枇杷
   42. 叶表面羽状脉不凹：
43. 茎干上有刺 ·············· 31椆木石楠
43. 茎干上无刺：
   44. 梨果，红色 ·············· 30石楠
   44. 核果或蒴果：
45. 花单生或短总状花序，花径3～5cm ······ 32木荷
45. 花短穗状花序或团伞花序，花径不到1cm ·············· 35山矾

落叶乔木

47 金钱松 Pseudolarix amabilis (Nels.) Rehd. 松科

形态特征：高达40m，树冠阔圆锥形；大枝轮生而平展，枝有长短之分。叶线形，柔软，长2～2.5cm，在长枝上呈螺旋状散生，在短枝上簇生。雌雄同株，雄球花簇生。

习　　性：喜光；常与银杏、柳杉、杉木、枫香、交让木、毛竹等混生；不耐干旱及长期积水之地；菌根丰富，抗风力强，抗火灾能力强。

观赏特征：树干通直，姿态优美，新春叶色浅黄，入秋为金黄；可构成"烟笼层林千重翠，霜染秋叶万树金"的赏心悦目的景色。因叶在短枝上簇生秋天变黄似金钱饼而得名。

园林应用：孤植、列植、群植，风景林。

48 水杉 Metasequoia glyptostroboides Hu et Cheng 杉科

形态特征：高达30m，树冠幼年为圆锥形，老年呈广圆形；树干基部常膨大，大枝不规则轮生，小枝对生。叶对生，线形，扁平，长1～2cm，柔软，嫩绿色，入冬与小枝同时凋落。雌雄同株。

习　　性：喜光性树，能耐侧方遮荫；常与杉木、锥栗、枫香、响叶杨等混生；对二氧化硫、氟化氢的抗性较强，对氯、铅吸收能力较强，并有隔音和减弱噪声的能力。

观赏特征：树姿优美，叶色秀丽，秋季变棕褐色。

园林应用：列植、群植，与常绿针阔叶树混种。

品　　种：金叶水杉'Gold Rush'叶呈金黄色，在华东地区表现优良，叶色稳定；较耐水湿。

49 池杉（池柏） *Taxodium ascendens* Brongn. 杉科

形态特征：高达 25m，树冠较窄，圆锥形；树干基部膨大，具膝状呼吸根。叶钻形或条形，长 4～10mm，紧贴小枝螺旋状排列，通常不为二列状。
习　　性：喜光树种；极耐水湿，长期浸在水中也能正常生长，也具一定的耐旱性。
观赏特征：树形优美，枝叶秀丽婆娑，秋色叶如火如荼。
园林应用：水滨沼泽、河流沿岸低湿地及沿海潮汐地丛植、群植、风景林，防护林树种。

50 落羽杉（落羽松） *Taxodium distichum* (L.) Rich. 杉科

形态特征：高达 30m，树冠幼年呈圆锥形，老年则开展成伞形；树干尖削度大，基部通常膨大，具膝状呼吸根。树皮棕色，裂成长条片剥落。大枝近平展，一年生小枝褐色，侧生短枝二列。叶条形，长 1～1.5cm，排成二列，羽状。
习　　性：喜光树种；极耐水湿，也耐干旱。世界上独特的海岸、河岸沼泽地带的沼生乔木类型生态群落景观。
观赏特征：树姿优美，叶又似羽毛状；入秋叶转为古铜色。
园林应用：水滨沼泽、河流沿岸低湿地丛植、群植、风景林，防护林树种。

51 银杏（白果，公孙树）　　*Ginkgo biloba* L.　　银杏科

形态特征：高可达40m，幼年及壮年树冠圆锥形，老树广卵形。枝有长短枝之分，叶扇形，在长枝上散生，在短枝上簇生，具多数分歧平行脉，先端常2裂，全缘或略波状。花单生，雌雄异株。种子呈核果状，椭圆形，外种皮肉质，金黄色有臭味。果熟期9～10月。

习　　性：喜光树种；适应性强，对臭氧的抗性极强，对二氧化硫、氟化氢的抗性和吸收能力强，对氯气、氨气的抗性强，吸附烟尘的能力较强。

观赏特征：叶形奇特，秋叶金黄。被称为中国"园林三宝"的树中之宝。因种子外黄软如杏，内坚如银而名。

园林应用：庭荫树，行道树（宜选雄株），风景林，树林，工矿区绿化。

52 玉兰（白玉兰，望春花，木花树）　　*Magnolia denudata* Desr.　　木兰科

形态特征：高达20m，树冠宽卵形；小枝具环状托叶痕，幼枝及芽具柔毛。叶纸质，宽倒卵状椭圆形，长8～18cm，先端突尖而短钝，中部以下渐窄成楔形；叶柄被柔毛，有托叶痕。花于叶前开放，顶生，白色有芳香。聚合果成熟后开裂，露出红色种子。花期2～3月。

习　　性：喜光，稍耐荫；较耐旱，喜肥，肉质根不耐积水。对氯气、氟化氢、氨气的抗性较强，对二氧化硫的抗性和吸收能力较强。

观赏特征：早春先花后叶，洁白芳香，满树白花，为我国传统的观赏树种。

园林应用：孤植、对植、丛植（最好有常绿树作背景），园路树；在古典园林中，常在厅前院后配置名为玉兰堂，常与牡丹、海棠、桂花相配，寓意玉堂富贵。

53 二乔玉兰（朱砂玉兰，紫砂玉兰）　*Magnolia* × *soulangeana* Soul. - Bod.　木兰科

形态特征：高 6 ~ 10m；小枝无毛。叶倒卵形，长 6 ~ 15cm，先端短急尖，背面多少被柔毛，叶柄被柔毛。花先叶开放，花大呈钟状，紫色或红色，里面白色，有芳香，花被片 6 枚。花期 2 ~ 3 月。
　　　　　为玉兰和紫玉兰的杂交种，现有许多园艺品种，花色多种及一年多次开花等。
习　　性：喜光树种；喜肥沃、排水良好的土壤，不耐盐碱土、黏土和过干的土壤，忌积水。
观赏特征：早春先花后叶，鲜艳夺目。
园林应用：孤植、丛植、群植，植于白色建筑物周围，庭园树，专类园。

54 凹叶厚朴（庐山厚朴）　*Magnolia officinalis* ssp.*biloba* (Rehd.et Wils.) Law　木兰科

形态特征：高达 15m；树干通直，冠形开展而枝叶稠密。叶互生，革质，大形，狭倒卵形，长 23 ~ 45cm，顶端凹缺，因节间短而常集生于枝梢。花叶同时开放，花白色，大形，有芳香。聚合果圆柱状长圆形，紫红色。花期 4 月，果熟期 10 ~ 11 月。
习　　性：喜光，耐侧方庇荫；常生于沟谷、溪流两侧、山麓地带阔叶林中；对有害气体抗性较强。
观赏特征：初生叶粉红，似开花；花香色白美丽；叶似芭蕉扇。
园林应用：孤植、丛植，园路树。

55 鹅掌楸（马褂木） *Liriodendron chinense* (Hemsl.) Sarg. 木兰科

形态特征：高达 40m，树冠圆锥形或长椭圆形；小枝具环状托叶痕。单叶互生，叶形似马褂，长 12～15cm，先端截形，两侧各有一个凹裂，叶背密生白粉状突起。花生于枝端，杯状，黄绿色；花期 4 月。

习　　性：喜光，耐荫；不耐干旱和水湿；对二氧化硫、氯气有较强的抗性，能减弱噪声，隔音性能好。

观赏特征：叶形奇特，入秋叶转黄；花单生枝顶，花瓣微展如杯，形似莲花。

园林应用：行道树，庭荫树，风景林，树林，工矿区绿化树种。

56 檫木（檫树） *Sassafras tzumu* Hemsl.(Hemsl.) 樟科

形态特征：高达 35m，树冠广卵形或椭圆形；小枝绿色。叶多集生枝端，叶片形状多变，卵形至倒卵形，长 9～18cm，全缘或 3 浅裂，背面有白粉。花黄色，总状花序腋生。花期 2 月。

习　　性：阳性树；常与马尾松、杉木、苦槠、油茶、木荷、樟树、毛竹等混生；怕积水；在气温高、阳光直射时树皮易遭日灼伤害。对二氧化硫抗性较强，对氟化氢和氯气的抗性中等。

观赏特征：早春黄花先叶竞放，缕缕幽香沁人心脾；嫩叶红色，秋后老叶经霜透红悦目。

园林应用：庭荫树，风景林，丛植、群植（与其它树种混种）。

| 落叶乔木 | 37

57 枫香（枫树，路路通）　　*Liquidambar formosana* Hance　　金缕梅科

形态特征：高达 30m，树冠广卵形或略扁平。单叶互生，掌状 3 裂，长 6～12cm，缘有锯齿。花单性同株，无花瓣，雌花具尖萼刺。蒴果集合成球形果序，下垂，宿存花柱及萼齿刺状。

习　　性：阳性树种；常与壳斗科、榆科、樟科树种混生；耐干旱瘠薄，不耐长期水湿，耐火烧；对二氧化硫、氯气有较强的抗性，对二氧化硫的吸收能力也强，具较强的杀菌作用。

观赏特征：树干通直，入秋叶色红艳，为著名的秋色叶树种。

园林应用：庭荫树，孤植、群植，风景林，工矿区绿化，卫生防护林（保健树种），荒山绿化树种。

58 朴树（朴）　　*Celtis sinensis* Pers.　　榆科

形态特征：高达 20m，树冠广圆形或圆形；幼枝密生毛后脱落。单叶互生，卵形或椭圆状卵形，三出脉，长 4～8cm，基部不对称，中部以上具浅钝齿，表面无毛、有光泽，背面沿叶脉有毛。果近球形，橙红色或橙黄色，单生或 2 个并生。

习　　性：喜光性树种，稍耐荫；有一定的抗旱能力，也耐水湿和瘠薄；抗风力强；对二氧化硫、氟化氢、氯气的抗性和吸收能力强，对烟尘、粉尘的吸附能力也强，滞尘减噪效果好，防火性能较好。果实可诱鸟。

观赏特征：树体高大雄伟，成龄树显示出古朴的树姿风貌；夏秋季果橙红色。

园林应用：庭荫树、行道树，孤植或丛植，工矿区绿化树种，防护林，水源林（涵养水源）。

59 糙叶树（糙叶榆）　　*Aphananthe aspera* (Thunb.) Planch.　　榆科

形态特征：高达 20m，树冠圆球形；小枝红褐色，密被贴生毛。单叶互生，卵形至狭卵形，长 4～8cm，叶基三出脉，两侧主脉之外又有平行支脉直达齿端；两面被平伏硬毛。

习　　性：喜光，稍耐荫；生山间平地、山谷或溪旁，常与榉树、朴树、栎树等混生，耐水湿，亦耐干旱；滞尘、抗烟能力强，抗污染，对有毒重金属有固定与吸收能力。

观赏特征：树体高大雄伟，成龄树显示出古朴的树姿风貌。

园林应用：庭荫树、行道树，孤植或丛植，工矿区绿化树种，防护林。

60 榉树（大叶榉）　　*Zelkova schneideriana* Hand.-Mazz.　　榆科

形态特征：高达 25m，树冠倒卵状伞形；树皮不裂，老干薄鳞片状剥落后仍光滑，小枝红褐色被毛。叶长椭圆状卵形，长 2～9cm，锯齿整齐近似桃形，表面粗糙，背面密生淡灰色柔毛。

习　　性：喜光；常与青冈栎、樟树、黄檀、马尾松等混生；不耐干旱和瘠薄，忌积水；抗性强，耐烟尘，抗二氧化硫能力很强，抗重金属污染，并有净化空气的作用。

观赏特征：树体高大雄伟、树冠整齐；秋叶红褐色。

园林应用：庭荫树、行道树，风景林，孤植、林植，工矿区绿化，水源林（涵养水源）。

61 榔榆（小叶榆）　　*Ulmus parvifolia* Jacq.　　榆科

形态特征：高达 25m，树冠扁圆球形至卵圆形；树皮鳞片状剥落后仍较光滑。单叶互生，卵状椭圆形至倒卵形，长 2～5cm，基部歪斜，叶缘具单锯齿。

习　　性：喜光，稍耐荫；常散生于河岸、路旁、沼泽周围；耐干旱瘠薄，对二氧化硫、烟尘以及有毒重金属抗性强，且具一定的吸收能力，对粉尘有较强的吸附能力。

观赏特征：树姿古朴典雅，树干略有弯斜，树皮斑驳雅致，小枝婉垂。

园林应用：孤植于池畔、亭榭附近，也可配于山石之间，工矿绿化，行道树。

62 榆树（白榆，家榆）   *Ulmus pumila* L.   榆科

形态特征：高达 20m，树冠圆球形；小枝灰色细长，排成二列状。单叶互生，卵状长椭圆形，长 2～6cm，基部稍歪，缘有不规则单锯齿。

习　　性：喜光；耐干旱瘠薄，耐盐碱，耐水湿；耐修剪；对有毒气体抗性较强。

观赏特征：冠大荫浓。

园林应用：庭荫树、行道树，水边、工矿区绿化。

品　　种：垂枝榆'Pendula'枝下垂，树冠伞形。

垂枝榆

榆树

63 无花果   *Ficus carica* L.   桑科

形态特征：高达 10m，或成灌木状；树皮暗褐色，皮孔明显；小枝粗壮。单叶互生，厚纸质，广卵形，长 10～20cm，掌状 3～5 裂，边缘波状或成粗齿，表面粗糙，背面有柔毛。隐花果梨形，长 5～8cm，熟时紫黄色或紫黑色。

习　　性：阳性树；能耐旱，适应性强，耐修剪，可整形；对有毒气体抗性强。

观赏特征：枝干粗犷壮实、掌状裂缺的叶敦厚奇特。

园林应用：庭园树、基础种植，工矿绿化树种。

64 桑树（家桑）   *Morus alba* L.   桑科

形态特征：高达 16m，树冠倒广卵形；嫩枝及叶含乳汁。单叶互生，卵形或广卵形，长 5～10(20)cm，锯齿粗钝，表面光滑，有光泽，背面脉腋有簇毛。花单性异株；聚花果（桑椹）圆筒形，熟时常由红变紫。

习　　性：喜光；适应性强，耐干旱瘠薄和水湿；对有毒气体抗性强，对铅的吸收能力强。果实可诱鸟。

观赏特征：夏季红果累累，入秋叶黄色。

园林应用：水边绿化，工矿区绿化，庭荫树。

品　　种：1. 龙爪桑'Tortuosa'枝条扭曲，状如龙游。
　　　　　2. 垂枝桑'Pendula'枝细长下垂。

垂枝桑

龙爪桑

65 构树（楮树） *Broussonetia papyrifera* (L.) L'hér. Ex Vent.　桑科

形态特征：高达 16m；小枝密生丝状刚毛。单叶互生，卵形，长 8～20cm，时有不规则深裂，缘有粗齿，两面密生柔毛。花单性异株；聚花果球形，熟时橘红色。

习　　性：喜光；适应性强，极耐干旱瘠薄和水湿，石灰岩山地常见；对有毒气体抗性强。

观赏特征：夏季红果。

园林应用：工矿区、污水沟旁绿化。

66 核桃（胡桃） *Juglans regia* L.　胡桃科

形态特征：高达 25m，树冠广卵形至扁球形；小枝粗壮。一回羽状复叶，小叶 5～9 枚，椭圆状卵形或椭圆形，顶生小叶通常较大，长 5～15cm。核果球形，有两条纵棱。

习　　性：喜光；喜肥，降温增湿能力强，但耗水量较大；花、果、叶之挥发气味具有杀菌、杀虫的保健功效。

观赏特征：冠大荫浓。

园林应用：庭荫树，卫生防护林（保健树种）。

67 枫杨（溪沟树，大叶柳） *Pterocarya stenoptera* C.DC.　胡桃科

形态特征：高达 30m。羽状复叶互生，小叶 9～23 枚，长椭圆形，长 4～11cm，缘具细齿，叶轴有窄翅，顶生小叶有时不发育。坚果具两长翅，成串下垂。

习　　性：喜光树种；耐水湿，具一定耐旱能力，耐轻度盐碱；对有毒气体抗性强，耐烟尘；杀菌能力强，是良好的抑螺树种。

观赏特征：冠大荫浓。

园林应用：庭荫树，行道树，固堤护岸树种，水边绿化。

68 槲栎(橡树)   *Quercus aliena* Bl.   壳斗科

形态特征：高达20m，树冠卵形；小枝无毛。单叶互生，长椭圆状倒卵形或倒卵形，长10～20(25)cm，边缘具波状粗缺齿，背面密被灰白色柔毛。

习　　性：喜光，稍耐荫；耐干旱瘠薄；常与枫香、栲类、山槐、刺楸等混生。

观赏特征：树冠平展，枝繁叶茂、荫浓。

园林应用：风景林，孤植、群植，防护林，荒山瘠地先锋树种。

69 栓皮栎(软木栎)   *Quercus variabilis* Bl.   壳斗科

形态特征：高达30m，树冠广卵形；树皮栓皮层发达增厚，深纵裂。单叶互生，卵状披针形或长椭圆状披针形，长8～15cm，边缘具芒状锯齿，叶背密被灰白色星状毛。

习　　性：喜光，生于山地阳坡，常与木荷、枫香、马尾松、栎类、苦木等混生；耐干旱瘠薄；抗火烧，杀菌能力强；抗烟尘及有害气体。

观赏特征：树冠平展，枝繁叶茂、荫浓。

园林应用：风景林，孤植、群植，防护林，水源林(涵养水源)。

70 悬铃木   *Platanus* × *acerifolia* (Ait.) Wilds. (*P.* × *hispanica* Muenchh.)   悬铃木科

形态特征：高达35m；树皮灰绿色，薄片状剥落，剥落后呈绿白色，光滑。叶近三角形，长9～15cm，3～5掌状裂，缘有不规则大尖齿，幼叶有星状毛。果球常2个一串，宿存花柱刺状。花期5月，果9～10月成熟。

习　　性：喜光；喜温暖湿润气候；较能耐湿及耐干。

观赏特征：树冠平展，枝繁叶茂、荫浓。

园林应用：庭荫树，行道树。

71 梧桐（青桐）　　　*Firmiana simplex* (L.)W.F.Wight　　梧桐科

形态特征：高达 20m，树冠卵圆形；树干挺直，树皮灰绿色；小枝粗壮，绿色，侧枝近于轮生。单叶互生，长 15～20cm，掌状 3～5 裂，裂片三角状卵形，全缘，表面光滑，背面有星状毛，叶柄约与叶片等长。种子大如豌豆，着生于心皮的裂缘。

习　　性：喜光；石灰岩山地常见，耐干旱，不耐瘠薄，不耐水湿，对有毒气体抗性强，有吸粉滞尘功能，对噪音的减弱能力较强。

观赏特征：主干端直，"皮青如翠，叶缺如花"，蓇葖果展开时犹如满树凤凰竞相开屏，摆尾展翅，赏心悦目，故有"梧桐招凤，凤非梧不栖"之传说，自故被认为是吉祥、昌盛的象征；因落叶早，被认为是临秋的标志，而有"梧桐一叶落，天下尽知秋"；秋叶黄色。

园林应用：庭园树、庭荫树、行道树，工矿区绿化；孤植于草坪，对植于庭前；与棕榈、芭蕉、竹子等相配。

72 欧美杨（I-72杨）　　　*Populus euramericana* 'San Martino'　　杨柳科

形态特征：高达 30m；树冠浓密，树干而稍弯；树皮浅纵裂；小枝黄褐色，棱线明显；芽有黏质。叶形较大，三角形，长 10～20cm，边缘具波状钝齿，上面鲜绿，下面灰绿，无毛；叶柄扁平略带红色，顶端有 2～4 腺点。

习　　性：喜光；耐水湿和水淹，尤适宜在钉螺滋生之滩地栽植，为"兴林灭螺"林带的优良树种。

观赏特征：叶大形美，秋叶变黄。杨属植物叶大、叶柄长，借风可发出声响，"白杨多悲风，萧萧愁杀人"这是古人的感受，现代园林中不妨用于空旷地、建筑物周围借风形成意境美。

园林应用：风景林，水边防护林。

73 垂柳（倒杨柳） *Salix babylonica* L. 杨柳科

形态特征：高达 18m，树冠倒广卵形；小枝细长下垂。叶线状披针形，长 8～16cm，缘具细锯齿，两面无毛。雌雄异株，柔荑花序。蒴果外被白柳絮。

习　　性：喜光树种；喜水湿，特耐水淹；对二氧化硫、氟化氢、氯气的抗性和吸收能力强，并有隔音、减弱噪声的功能。

观赏特征：早春嫩叶浅绿，小枝细长，随风飘荡，具有特殊的潇洒风姿。山接近理性，水接近感性，临水的树大多依依多情；柳是活性树、舞女树、情趣树、依恋树。

园林应用：河岸池边、草坪上孤植、列植，护岸水土保持树种。

74 旱柳（柳树，立柳） *Salix matsudana* Koidz. 杨柳科

形态特征：高达 20m，树冠卵圆形；枝条斜展，黄绿色。叶披针形或线状披针形，长 5～10cm，缘具细腺齿，上面无毛，背面微背白粉。雌雄异株，柔荑花序和叶同时展开。

习　　性：喜光树种；喜水湿，亦耐干旱；对有毒气体抗性较强。

观赏特征：树冠丰满，枝叶茂密，发芽早、落叶迟。

园林应用：行道树、庭荫树，水边、低湿地及草坪等处孤植、丛植，防护林。因春季柳絮宜选雄株为宜。

品　　种：1. 绦柳 'Pendula' 枝条细长下垂，小枝黄色。
　　　　　2. 龙爪柳 'Tortuosa' 枝条扭曲向上。

75 柿树 *Diospyros kaki* L.f. 柿树科

形态特征：高达 15m；树冠圆球形或倒卵状椭圆形。单叶互生，椭圆状倒卵形，长 6～18cm，全缘，革质，背面及叶柄均有柔毛。花雌雄异株或杂性同株，单生或聚生于新生枝条的叶腋中。果扁球形，橙黄或橘红色，果熟期 9～10 月。

习　　性：强喜光树种；耐干旱瘠薄，忌积水；吸水、吸肥力强；对二氧化硫抗性较强，对氯气抗性较弱，对氟化氢敏感。为重要的蜜源树种。

观赏特征：秋季果实橙黄色，秋季部分叶变红。

园林应用：孤植、丛植或林植。

76 野茉莉（安息香） *Styrax japonicus* Sieb.et Zucc. 安息香科

形态特征：高达10m，树冠卵形或圆形；植物体常被星状毛。单叶互生，纸质，阔椭圆形或倒卵形、卵状椭圆形，长4～10cm，近全缘或上部具疏锯齿，叶面沿脉被毛而叶背脉腋有簇生星状毛。总状花序顶生或下部腋生，下垂，白色，芳香。花期4月。

习　　性：喜光；生于阳坡、林缘及灌丛；耐瘠薄。

观赏特征：枝叶扶疏，春季香花怒放，香气袭人，花果婉垂成串。

园林应用：孤植、丛植、园路树。

77 紫叶李（红叶李） *Prunus cerasifera* Ehrh. 'Pissardii' 蔷薇科

形态特征：高达4m；树冠多直立。叶卵形或卵状倒卵形，长3～4.5cm，缘具尖细的重锯齿。花淡粉红色，单生，叶前开放或与叶同放。枝条、叶片及果实均为暗红色。花期3月，果熟期6～7月。

习　　性：喜光树种，在庇荫条件下，叶色不鲜艳；较耐湿。

观赏特征：叶色常年红紫，尤其春、秋两季叶色更艳，花浅粉色。

园林应用：丛植、孤植于草坪角隅或建筑物前（尤以浅色叶树为背景时景观更好），园路树。

78 梅花（春梅，红绿梅，干枝梅） *Prunus mume* Sieb.et Zucc. 蔷薇科

形态特征：高可达10m，树冠球形或倒卵形；树干褐紫色，常有刺枝，一年生小枝绿色。单叶互生，广卵形至卵状椭圆形，长4～10cm，先端渐长尖或尾尖，缘具细尖锯齿，叶柄常有腺体。花单生或2朵并生，先叶开放，花冠白色、淡红或红色。核果，球形，黄色，密被细毛。花期1～3月，果熟期5～6月。

习　　性：喜光；抗旱，耐瘠薄。为蜜源植物；果实可诱鸟。

观赏特征：梅花"色、香、韵、姿"俱佳，又具不畏严寒、迎着风雪而开放的特性，故有"万花敢问雪中出，一树独先天下春"的诗句；"梅寒而秀，竹瘦而寿，石丑而文，是为三益之友"，"疏影横斜水清浅，暗香浮动月黄昏"；被予以"花魁""清客""清友"。

园林应用：孤植、丛植、林植，风景林，园路树，专类园；或以松、竹、梅配置，或与山石、水、路、建筑物等相配。

79 桃　　　　　　　　　　　Prunus persica Linn. Sp. Pl.　　　　薔薇科

形态特征：高 4～8m；小枝绿色或褐绿色，无毛。叶长圆状披针形或椭圆状披针形，长 8～12cm，缘有细锯齿，叶柄具腺体。花单生，径 2.5～3.5cm，花梗极短，先叶开放，花瓣粉红色；花期 3 月。

习　　性：喜光树种；耐旱，不耐湿，忌涝；对硫化氢抗性强，对氯气、氯化氢抗性中等，对氟化氢抗性弱。为蜜源树种，果实可诱鸟。

观赏特征：早春先花后叶，烂漫芳菲、色彩艳丽、妖媚诱人。

园林应用：孤植、丛植、林植，风景林，园路树；"桃花夭冶，宜别墅山隈，小溪桥畔，横参翠柳，斜映明霞"。

品　　种：1. 碧桃 'Duplex' 花较小，粉红色，重瓣或半重瓣。
2. 白碧桃 'Albo-plena' 花大，白色，重瓣，密生。
3. 红碧桃 'Rubro-plena' 花红色，近于重瓣。
4. 垂枝桃 'Pendula' 枝条下垂，花多近于重瓣，白、粉红、红等色。
5. 塔桃 'Pyramidalis' 枝条近直立向上，形成窄塔形树冠。

碧桃

80 紫叶桃（红叶桃）　　　　Prunus persica Linn. 'Atropurpurea'

形态特征：形态同桃，叶紫红色，花粉色至深粉红色，半重瓣或重瓣。花期 3 月。

习　　性：喜光；耐旱，不耐湿，忌涝。

观赏特征：终年叶色紫红，春季花色绚丽。

园林应用：孤植、丛植；与其它树群植。

81 东京樱花（日本樱花） *Prunus × yedoensis* Matsum. 蔷薇科

形态特征：高达 15m；树皮暗灰色，平滑；嫩枝有毛。单叶互生，椭圆状卵形或倒卵状椭圆形，长 5～12cm，先端渐尖，缘具尖锐重锯齿，脉背及叶柄具毛。花白色或淡粉色，花瓣 5，先端凹缺，有香气，4～6 朵成伞形或短总状花序；果黑色。花期 3 月，叶前开放。

习　　性：喜光，喜温暖气候，较耐寒。

观赏特征：早春满树繁花极为绚丽动人（但花期只5～6 天）；枝叶繁茂、绿荫如盖。

园林应用：孤植、丛植、林植，风景林，园路树。

82 樱花（日本晚樱） *Prunus lannesiana* Carr. 蔷薇科

形态特征：高 10m；树皮暗栗褐色，光滑。单叶互生，倒卵形，长 5～15cm，先端渐尖，呈长尾状，叶缘重锯齿具长芒。花白色或粉红色，重瓣，常下垂，2～5 朵聚生。花期 3～4 月，与叶同放。

习　　性：喜光，稍耐荫，忌积水低洼地。对氟化氢抗性强，对臭氧的抗性中等，对烟尘有一定的阻滞能力。

观赏特征：春季满树繁花，枝叶繁茂、绿荫如盖；嫩叶红褐色，秋季叶色变黄。

园林应用：孤植、丛植、林植，园路树。

83 冬樱花 *Prunus majestica* Koehne 蔷薇科

形态特征：高可达 25m；树皮灰褐色，小枝绿色。叶长椭圆形至披针形，半革质，长 8～12cm，缘有细尖锯齿，表面叶脉明显凹下，有光泽。花粉红色，花期 12～翌年 1 月，先叶开放，果红色，春夏成熟。

习　　性：喜光；生于山地之阳坡、沟边、旷地。果实可诱鸟。

观赏特征：冬季花先叶开放，果红色。

园林应用：庭园树，孤植、丛植，园路树。

84 垂丝海棠　　*Malus halliana* Koehne.　　蔷薇科

形态特征：高达5m，树冠疏散；枝开展，幼时紫色。叶卵形或狭卵形，长4～8cm，锯齿细钝，叶质较厚硬，叶柄常带紫红色。花簇生于小枝端，花蕾鲜玫瑰红色，盛开后粉色，花梗细长而下垂；果近梨形，略带紫色。花期3～4月，果熟期10月。

习　　性：喜光；较耐干旱，忌涝，适应性强。果实可诱鸟。

观赏特征：花蕾时红色，盛花时粉色。

园林应用：孤植、丛植、林植，与建筑、山石、园路、水体结合。"海棠韵娇，宜雕墙峻宇"。

85 西府海棠（小果海棠，海红）　　*Malus × micromalus* Mak.　　蔷薇科

形态特征：高达5m；树态峭立，枝直立性强，枝干黄褐色。叶长椭圆形，长5～10cm，锯齿尖细，叶质硬实，叶柄细长。花淡红色，半重瓣或重瓣；果红色，径1～1.5cm。花期3月，果熟期8～9月。

习　　性：喜光；耐干旱，忌涝。

观赏特征：树姿潇洒峭立，春花艳丽缀满枝头，秋季红果累累。

园林应用：孤植、对植、列植于庭园、路旁、草坪边缘、假山石旁及溪边。

86 沙梨　　*Pyrus pyrifolia* (Burm.f.) Nakai　　蔷薇科

形态特征：高15m；二年生枝紫褐色或暗褐色。叶卵状椭圆形，长7～12cm，缘有刺芒状尖锯齿，齿端微向内曲。花白色，径2.5～3.5cm；果近球形，褐色，径3～5cm。花期4月，果熟期8～9月。

习　　性：喜光；耐旱，也耐水湿。

观赏特征：春天开花，满树雪白，果可食。

园林应用：庭园树、孤植、丛植、林植，水边绿化。

同属常见种：豆梨 *Pyrus calleryana* Decne 果近球形，褐色，径1～1.5cm。

87 木瓜（木瓜海棠） *Chaenomeles sinensis* (Thouin) Koehne 蔷薇科

形态特征：高达7m；树皮斑状薄片剥落，枝无刺，但短小枝常成棘状。单叶互生，卵状椭圆形，长5～8cm，缘具芒状锐齿。花单生叶腋，粉红色，径2.5～3cm；果椭圆形，长10～15cm，暗黄色，木质，有香气。花期4月，果熟期8～10月。

习　　性：喜光；不耐盐碱及低湿地；耐旱。

观赏特征：春季粉花点缀，入秋金果挂枝，芳香袭人；树皮斑驳可爱。

园林应用：孤植、对植、丛植，与山石相配。

88 合欢（绒花树，夜合花，马樱树） *Albizia julibrissin* Durazz. 含羞草科

形态特征：高达16m，树冠开展呈伞形。叶互生，二回偶数羽状复叶，小叶镰刀形，长6～12mm，中脉明显偏于一边，叶缘及背面中脉被柔毛，小叶昼开夜合，酷暑或暴风雨则闭合。头状花序排成伞房状，花丝粉红色，细长如绒缨；花期6～9月。

习　　性：喜光树种，但干皮薄畏曝晒；耐干旱瘠薄，不耐水湿；有根瘤菌（含羞草科植物大多数都有），具改良土壤之效；对二氧化硫、氯气、氟化氢的抗性和吸收能力强，对臭氧、氯化氢的抗性较强。蜜源树种。

观赏特征：树姿优雅，叶形秀丽又昼开夜合，夏日满树盛开粉红色的绒缨状花。古人常以合欢表示男女爱情。

园林应用：庭园树、庭荫树、行道树、风景林，宜配植于溪边、池畔、河岸，工矿区绿化。

89 澳洲金合欢（黑荆树） *Acacia mearnsii* De Wilde 含羞草科

形态特征：高达 15m；树皮银灰色，小枝常有棱，被绒毛。二回羽状复叶互生，羽片 8~20 对，每对羽片间有 1~2 个腺体，小叶极小，30~40 对，蓝绿色，线形，长 2~4mm。头状花序黄色、芳香，排成总状或圆锥状；1~4 月开花。荚果密被绒毛。

习　　性：喜光；耐干旱瘠薄，不耐涝；萌芽性强。

观赏特征：枝叶繁茂；叶蓝绿色；花期长（12 月至翌年 5 月）。

园林应用：孤植、对植、丛植，水土保持树种。

90 龙爪槐 *Sophora japonica* L. var. *pendula* Loud. 蝶形花科

形态特征：树冠伞形；枝条扭转下垂。奇数羽状复叶互生，小叶 7~17，卵状椭圆形，长 2.5~5cm，全缘。

习　　性：喜光；耐烟尘，对有毒气体有较强的抗性。

观赏特征：树冠如伞，状态优美；枝条蟠曲如龙，落叶后枝干入画。

园林应用：对植、列植、孤植。

91 黄枝槐（黄金槐） *Sophora japonica* L. 'Aurea' 蝶形花科

形态特征：树冠近圆球形；树皮光滑，枝条金黄色。叶互生，6~16 片组成羽状复叶，小叶椭圆形，长 2.5~5cm，光滑，淡黄绿色。

习　　性：喜光，稍耐荫，抗旱，较耐瘠薄。

观赏特征：叶黄绿色，秋季变黄；枝条黄色，落叶后尤为醒目。

园林应用：孤植、丛植，与其它树群植。

92 刺槐（洋槐） *Robinia pseudoacacia* L.　蝶形花科

形态特征：高25m，树冠近卵形；枝具托叶刺。奇数羽状复叶，互生，小叶7～19，椭圆形，长2～5cm，先端微凹并有小刺尖。总状花序下垂，白色，芳香，4月开花。

习　　性：极喜光树种；耐干旱瘠薄，根具有根瘤菌，是很好的绿肥树种（蝶形花科植物多数都属此类）；保持水土能力很强。对有毒气体抗性较强，并对臭氧及铅蒸气具有一定吸收能力，滞粉尘、烟尘能力亦很强；造林先锋树种。蜜源树种，果实可诱鸟。

观赏特征：4月白花芳香。

园林应用：庭荫树、行道树，工矿区绿化树种，水源林（涵养水源）。

93 翅荚木（任木） *Zenia insignis* Chun　苏木科

形态特征：高达30m，树冠半圆形至伞形；芽、叶、叶轴及总柄被柔毛。奇数羽状复叶，互生，小叶19～21，长圆状披针形，长6～9cm。圆锥花序，花瓣红色；荚果长圆形，红棕色。花期5月，果期9月。

习　　性：喜光；常生于山谷水边、石灰岩山地，喜深厚肥沃土壤。

观赏特征：春季嫩叶红色，夏季红花。

园林应用：庭荫树，行道树，风景林。

94 蓝果树（紫树） *Nyssa sinensis* Oliv.　蓝果树科

形态特征：高达30m；树干分枝处具眼状纹。单叶互生，卵状椭圆形，长8～16cm，全缘，叶柄及背脉有毛。雌雄异株，花小，绿白色。核果椭球形，蓝黑色。花期4月，果熟期9月。

习　　性：喜光；常与香榧、银杏、金钱松、杜英、木莲、木荷、光皮桦等混生；耐干旱瘠薄；对二氧化硫抗性强。果实可诱鸟。

观赏特征：嫩叶、秋叶均为红色，果熟时蓝色。

园林应用：孤植，丛植，行道树，风景林。

| 95 光皮桦（亮皮桦） | *Betula luminifera* H. Winkl. | 桦木科 |

形态特征：高达20m，树冠卵圆形至伞形；树皮红褐色，具横皮孔，层状剥离，枝皮有清香味。单叶互生，卵状长圆形至卵形，长5～10cm，尾尖长，具不整齐重锯齿，齿端芒尖。
习　　性：喜光；耐干旱瘠薄；可飞籽成林；挥发性物质具有杀菌、清洁空气的作用。
观赏特征：树干挺直，红褐色且光亮。
园林应用：卫生防护林，荒山荒地绿化树种。

| 96 灯台树 | *Cornus controversa* Hemsl. | 山茱萸科 |

形态特征：高达20m，树冠阔圆锥形；侧枝轮状着生，层次分明；枝条紫红色。叶互生，广卵形或长圆状卵形，长6～13cm，叶面深绿，叶背灰绿色，疏生短柔毛，全缘或为波状，常集生于枝梢。花白色，伞房状聚伞花序顶生；核果球形，初为紫红，熟后变蓝黑色。花期5～6月，果熟期8～9月。
习　　性：喜光，稍耐荫；常生于阔叶林中与溪谷旁，与枫香、化香、栓皮栎、黄檀、冬青、红果钓樟、青冈等混生；防火性能较好，有一定抗污染能力。
观赏特征：大枝平展延伸似灯台；夏季白花，秋季核果紫红鲜艳；冬季细长的小枝紫红色。
园林应用：孤植、丛植，园路树，荒山绿化树种。

97 四照花（山荔枝，石枣） *Dendrobenthamia japonica* (DC.) Fang var. *chinensis* (Osborn) Fang　山茱萸科

形态特征：高可达 8m；小枝细，绿色后变褐色。叶对生，卵形或卵状椭圆形，长 5～12cm，叶背粉绿色，两面有短毛，叶脉弧形弯曲。头状花序近球形，序基有 4 枚白色花瓣状总苞片；果球形，肉质，紫红色。花期 4～5 月，果熟期 9～10 月。

习　　性：喜光，稍耐荫；耐干旱瘠薄。

观赏特征：树姿端庄优美，花期洁白总苞宛似蝴蝶覆盖满树，秋季叶果双红竞艳。

园林应用：孤植、丛植（宜以常绿树为背景），园路树，风景林。

98 重阳木　*Bischofia polycarpa* (Lévl.) Airy-Shaw　大戟科

形态特征：高 15m，树冠伞形或球形。三出复叶互生，小叶卵圆形或椭圆状卵形，长 5～11cm，缘具钝锯齿，两面光滑无毛。总状花序腋生；浆果球形，熟时红褐色，果熟期 10～11 月。

习　　性：喜光树种，略耐荫；耐干旱瘠薄，也耐水湿；对二氧化硫有一定抗性。

观赏特征：新叶淡红转嫩绿，入秋又转褐红色；累累红果满枝梢。

园林应用：庭荫树，行道树，风景林，孤植、丛植于水边；护岸林和防护林。

99 乌桕　　*Sapium sebiferum* (L.) Roxb.　　大戟科

形态特征：高达15m，树冠圆球形；枝叶具乳汁。单叶互生，纸质，近菱形或菱状卵形，长3~7cm，全缘，叶柄顶端具2腺体。花单性，雌雄同序，形成顶生穗状花序；种子近球形，外被白色蜡层，经冬不落。

习　　性：喜光，稍耐荫；耐旱，耐水湿及间歇性水淹；能抗火烧；对二氧化硫、氟化氢抗性和吸收能力强，对氯气、氯化氢抗性强，并有吸附粉尘的功能。是良好的抑螺树种，也是蜜源树种。

观赏特征：树冠圆整，春叶嫩绿，秋叶殷红或橙黄，"乌桕赤于枫"；落叶后满树点缀被洁白蜡层包被的种子，疑似小白花，别有情趣。

园林应用：庭荫树、行道树、风景林，防护林，水边绿化或护堤树种。

100 野鸦椿　　*Euscaphis japonica* (Thunb.) Dippel　　省沽油科

形态特征：高2~5m；小枝及芽红紫色，枝叶揉碎后有奇臭。羽状复叶对生，小叶5~9(11)，长卵形或椭圆形，长8~9cm，叶端渐尖，缘具疏尖齿。圆锥花序顶生，花黄白色；蓇葖果紫红色。花期5~6月，果熟期8~9月。

习　　性：喜光，耐荫；耐干旱瘠薄。

观赏特征：秋叶红色，秋季红果。

园林应用：孤植、丛植（宜以常绿树为背景）。

101 栾树（灯笼树） *Koelreuteria paniculata* Laxm. 无患子科

形态特征：高达15m，树冠伞形或圆球形。奇数羽状复叶或为不完全的二回羽状复叶，互生，小叶7～15，卵形或卵状披针形，长4～8cm，边缘具不规则粗锯齿或缺裂。圆锥花序顶生，长25～40cm，花黄色，中心紫色；蒴果三角状卵形，果皮膜质膨大，成熟时橘红色或红褐色。花期6～9月，果熟期9～10月。

习　　性：喜光，稍耐荫；耐干旱瘠薄，耐短期水涝，耐低湿与盐碱地；对有毒气体抗性较强，吸烟尘、杀菌能力强。

观赏特征：嫩叶紫红，夏秋黄花满树，秋季叶幕金黄一片，蒴果红艳。

园林应用：庭荫树，行道树，风景林，树林，水边绿化，卫生防护林（保健树种），水源林（涵养水源），先锋树种，庙宇庭院中种植（其种子可制佛珠）。

102 复羽叶栾树 *Koelreuteria bipinnata* Franch. 无患子科

形态特征：高达20m，树冠广卵形。二回羽状复叶，羽片5～10对，每羽片具小叶5～15，卵状椭圆形，缘有锯齿。花黄色，顶生圆锥花序；蒴果卵形，红色。花期7～9月，果熟期9～10月。

习　　性：喜光，耐干旱，耐水湿；对有毒气体及烟尘抗性强。

观赏特征：夏日黄花满树，秋季叶色金黄一片，蒴果红艳。

园林应用：庭荫树，行道树，风景林、树林，水边绿化，卫生防护林（保健树种），水源林（涵养水源）。

103 无患子　　*Sapindus mukorossi* Gaertn.　　无患子科

- 形态特征：高达 20m，树冠广卵形或扁球形；小枝皮孔多而明显。偶数羽状复叶互生或近对生，小叶 8～14，长椭圆状披针形，长 7～15cm，基歪斜，全缘，无毛。圆锥花序顶生，花黄绿色；核果近球形，淡黄色。
- 习　　性：喜光，稍耐荫；常见低山丘陵阳坡、石灰岩山地中；抗二氧化硫、三氧化硫能力强。
- 观赏特征：冠大荫浓，秋叶金黄、变色、落叶整齐。（古代称为桓，古时相传以此木为器用，以厌鬼魅，故号曰无患）
- 园林应用：庭荫树，行道树，树林，风景林，孤植、丛植于庭园角隅、草坪。

104 天师栗（猴板栗）　　*Aesculus wilsonii* Rehd.　　七叶树科

- 形态特征：高达 25m，树冠圆球形；树皮光滑，呈薄片脱落；小枝无毛，有明显皮孔。掌状复叶对生，小叶 5～7 枚，倒卵状长椭圆形，长 10～25cm，顶端尾尖，边缘有细锯齿。聚伞圆锥花序顶生，白色，芳香。花期 5 月。
- 习　　性：喜光，稍耐荫；在瘠薄和积水地生长不良，在酷暑烈日下树皮易遭日灼危害，抗逆性较差。
- 观赏特征：花时硕大花序似宝塔竖立在树冠上；秋季叶色为红褐色。
- 园林应用：孤植、丛植，行道树，风景林。

105 三角枫（三角槭）　　*Acer buergerianum* Miq.　　槭树科

- 形态特征：高可达 15m，树冠椭圆状球形或倒卵形；树皮薄条状剥落，剥落后光滑；小枝细。单叶对生，近革质，卵状三角形，长 6～9cm，3 裂，裂片三角形，全缘，背面有白粉。翅果张开成锐角，黄褐色，果熟期 9 月。
- 习　　性：耐半荫树；耐干旱亦耐水湿；耐修剪；抗有毒气体能力较强。
- 观赏特征：嫩叶红色，秋叶暗红。
- 园林应用：庭荫树，行道树，风景林，护岸树，绿篱、造型。

106 鸡爪槭　　Acer palmatum Thunb.　　槭树科

形态特征：高达6m，树冠伞状半球形；幼枝绿色细长。叶对生，掌状7(5～9)深裂，径5～10cm，裂片长圆形或披针形，边缘具紧贴的尖锐锯齿。花杂性同株，紫红色；翅果两翅展开成钝角，幼时紫红色，成熟后为棕黄色。花期4～5月，果熟期10月。

习　　性：耐半荫树种；较耐干旱；对二氧化硫和烟尘抗性较强。

观赏特征：树姿婆娑，叶形秀丽，入秋叶色变红；嫩果红艳，似飞舞的蜻蜓栖落枝头。

园林应用：孤植、丛植，园路树，庭园树，专类园；植于山麓、池畔能显出潇洒、婆娑的绰约风姿，配以山石，则具有古雅之趣。

品　　种：1. 细叶鸡爪槭'Dissectum'又名羽毛枫。树冠开展，枝略下垂。叶深裂达基部，裂片狭长且又羽状细裂，秋叶深黄至橙红色。
2. 红细叶鸡爪槭'Dissectum Ornatum'叶形同细叶鸡爪槭，叶常年古铜色。
3. 金叶鸡爪槭'Aureum'叶常年金黄色。
4. 斑叶鸡爪槭'Versicolor'绿叶上有白斑或粉红斑。

107 红枫（紫红鸡爪槭）　　Acer palmatum Thunb. 'Atropurpureum'　　槭树科

形态特征：形态同鸡爪槭，叶常年红色或紫红色，枝条也常紫红色。

习　　性：耐半荫树种，喜侧方庇荫。

观赏特征：常年红叶，冬季红色的枝条。

园林应用：孤植、丛植于建筑物荫蔽处（白色建筑物周围尤佳），与其它树群植。

108 黄连木（楷木，楷树）　　*Pistacia chinensis* Bunge　　漆树科

形态特征：高达 30m，树冠近球形；小枝赤褐色，有毛。偶数羽状复叶互生，小叶 5～7 对，卵状披针形，长 5～8cm，端渐尖，基部不对称，全缘，枝叶揉搓皆有特殊气味。雌雄异株，先叶开花。核果球形，熟时红色或蓝紫色。

习　　性：喜光；耐干旱瘠薄；能穿缝绕石生长；抗风力强，杀菌能力强；对有毒气体抗性较强，对烟尘的吸滞能力也较强。

观赏特征：早春嫩叶和雌花序呈紫红色，入秋叶色深红。

园林应用：庭荫树、行道树、风景林，卫生防护林（保健树种），工矿区绿化树种。

109 盐肤木　　*Rhus chinensis* Mill.　　漆树科

形态特征：高达 8m，树冠扁球形；小枝、叶柄及花序密生褐色柔毛。奇数羽状复叶互生，小叶 7～13，卵形至椭圆状卵形，长 4～13cm，小叶自下至上渐大，边缘有粗大齿，叶背面密被灰褐色毛，叶轴有狭翅。圆锥花序顶生，果扁球形，红色。

习　　性：喜光；耐干旱瘠薄，耐盐碱，萌蘖性很强。

观赏特征：秋叶黄色或红色，果实红色。

园林应用：自然野趣地（如高速公路旁）丛植、林植，荒山荒地绿化。

110 火炬树（鹿角漆，加拿大盐肤木）　　*Rhus typhina* L.　　漆树科

形态特征：高 10～12m，树冠半圆球形至伞形；分枝少，小枝密生长柔毛。奇数羽状复叶互生，小叶 19～25，长椭圆形至披针形，长 5～12cm，缘有锯齿。雌雄异株，顶生圆锥花序，密生有毛；果序红色。花期 5～7 月，果熟期 9 月。

习　　性：喜光；耐旱，耐盐碱，萌蘖性极强；滞尘、抗二氧化硫能力较强。

观赏特征：夏秋花序、果序均红似火炬（因此而得名），入秋后叶色变红色。

园林应用：风景林，自然野趣地（如高速公路旁）丛植、林植，水源林（涵养水源），固堤护坡，先锋树种，矿区煤矸石造林。

111 南酸枣（酸枣） *Choerospondias axillaris* (Roxb.) Burtt et Hill　　漆树科

形态特征：高达 30m；树皮长片状剥落，小枝暗紫褐色，具皮孔。奇数羽状复叶，小叶 7～15，卵形至卵状披针形，长 4～12cm，基部偏斜，全缘，萌芽枝的叶有锯齿。圆锥花序杂性异株，紫红色；果椭圆形，果核顶端有 5 个大小相等的小孔。花期 4～5 月，果熟期 9～11 月。

习　　性：喜光，稍耐荫；常与栲、樟、木荷等混生；耐干旱瘠薄；对二氧化硫、氯气抗性强。

观赏特征：冠大荫浓，春季米粒般的紫色小花组成圆锥花序，布满整株。

园林应用：庭荫树、行道树，孤植于草坪、坡地，或与其他树种混植。

112 臭椿（樗） *Ailanthus altissima* (Mill.) Swingle　　苦木科

形态特征：高达 30m，树冠偏球形或伞形；树皮灰色不裂，小枝粗壮。奇数羽状复叶互生，集生枝顶，小叶 13～25，卵状披针形，长 7～12cm，全缘，近叶基部有 1～2 对粗齿，齿端有臭腺点。花小杂性，圆锥花序顶生，黄绿色。翅果扁平，褐黄色或红褐色。花期 5～7 月，果熟期 9～10 月。开花时有异味。

习　　性：喜光树种；适应性强，耐干旱瘠薄，不耐水湿。对有毒气体抗性很强，减弱噪声、吸滞粉尘的能力强，具有一定的杀菌能力。

观赏特征：冠伞形，嫩叶绯红，夏秋红褐色果满树；落叶后枝干入画。很受欧美人士赏识被称为"天堂树"。

园林应用：庭荫树、行道树、风景林，工矿区绿化、卫生保健树种，先锋树种。

113 苦楝（楝树） *Melia azedarach* L.　　楝科

形态特征：高达 20m，树冠宽阔而平顶；小枝粗壮，皮孔多而明显。2～3 回奇数羽状复叶互生，小叶卵形至椭圆形，长 3～7cm，先端渐尖，缘有钝齿或深浅不一的齿裂。圆锥花序腋生，花淡紫色，有香味。核果近球形，熟时黄色，宿存枝头，经冬不落。花期 4～5 月，果熟期 10～11 月。

习　　性：喜光，耐荫；耐水湿，稍耐干旱；对有毒气体抗性强，具有吸滞粉尘和杀灭细菌的功能。花、果能引蝶诱鸟。

观赏特征：树形潇洒，枝叶秀丽，春季花淡紫有清香。

园林应用：庭荫树、行道树、风景林，水边、休疗养院、工矿区绿化树种。

| 落叶乔木 | 59

114 枣树　　　　　　　　　　　　*Ziziphus jujuba* Mill.　　　　　鼠李科

形态特征：高达10m；枝常有托叶刺，一枚长而直，另一枚短而向后勾曲；长枝呈"之"字形曲折。单叶互生，卵形至卵状长椭圆形，长3～6cm，缘有钝齿，基部3主脉。花小，2～3朵簇生叶腋，黄绿色；核果椭球形，长2～4cm，熟后暗红色。花期5～6月，果熟期8～9月。
习　　性：喜光；耐干旱瘠薄。果实可诱鸟。
观赏特征：落叶后枝干入画，秋季果可赏可食。
园林应用：庭园树，群植。
品　　种：龙枣'Tortuosa'小枝卷曲如蛇游状。

115 白蜡树（白蜡）　　　　　　　　*Fraxinus chinensis* Roxb.　　　木犀科

形态特征：高达15m，树冠卵圆形；小枝光滑无毛。奇数羽状复叶，对生，小叶5～9，卵圆形或卵状长椭圆形，长3～13cm，缘具钝齿，背面沿脉有短柔毛，叶柄基部膨大。花单性异株，无花瓣；翅果倒披针形。
习　　性：喜光，稍耐荫；喜湿也耐涝，耐干旱；萌蘖性强，耐修剪，对二氧化硫、氯气、烟尘的抗性能力较强，对汞蒸气的吸收、粉尘的吸附能力较强，杀菌能力较强。
观赏特征：形体端正，树干通直，枝叶繁茂；秋叶橙黄。
园林应用：庭荫树、行道树、风景林，水边绿化及护堤树，卫生防护林（保健树种），工矿区绿化树种。

116 泡桐（白花泡桐，大果泡桐）　　*Paulownia fortunei* (Seem.) Hemsl.　　玄参科

形态特征：高达27m，树冠广卵形或圆锥形；枝对生，通常假二叉分枝。叶对生，长卵状心形，长达20cm，表面无毛，背面被毛，全缘。圆锥状聚伞花序顶生，乳白色，花冠内具紫色斑，芳香。花期3～4月。
习　　性：喜光，稍耐荫；耐干旱，较耐水湿；对粉尘、烟尘的吸附能力较强，防火性能好。
观赏特征：树干端直，雄伟高大，早春先花后叶，乳白色花满树。
园林应用：庭荫树，风景林，水边、工矿区绿化树种。

117 紫花泡桐（毛泡桐，绒毛泡桐）　　*Paulownia tomentosa* (Thunb.) Steud.　　玄参科

形态特征：高15m，树冠广卵形；小枝有明显皮孔，幼时密被黏腺毛。叶广卵形至卵形，长30cm以上，全缘或3浅裂，两面被毛。聚伞花序，具花3～5朵，花冠紫色。花期4～5月。

习　　性：喜光，不耐荫；耐干旱；抗有毒气体、吸滞粉尘的能力强，防火性能好；杀菌能力较强。

观赏特征：春季紫色花布满树冠。

园林应用：庭荫树、风景林，水边、工矿区绿化树种，卫生防护林（保健树种）。

118 楸树　　*Catalpa bungei* C. A. Mey.　　紫葳科

形态特征：高30m；树皮浅纵裂，枝叶无毛。叶对生或轮生，三角状卵形，长6～16cm，全缘或近基部有3～5裂，叶背脉腋有2个紫斑。花冠白色，内有紫斑。蒴果细长如豆荚（较梓树长）。花期4～5月。

习　　性：喜光；固土能力强；对二氧化硫、氯气、氟化氢抗性较强，也有吸附粉尘的作用；有较强的消音作用。

观赏特征：冠大荫浓，春夏白花满树。

园林应用：行道树，庭荫树，工矿区绿化树种。

119 梓树　　*Catalpa ovata* G. Don.　　紫葳科

形态特征：高15m，树冠倒卵形或椭圆形；嫩枝和叶柄被毛。叶对生或轮生，广卵形或近圆形，长10～25cm，常3～5小裂，叶背基部脉腋具3～6个紫色腺斑。圆锥花序，花淡黄色，内有紫色斑点及黄色条纹。蒴果细长如筷，经久不落。花期5～6月，果熟期8～9月。

习　　性：喜光，稍耐荫；不耐干旱和瘠薄，能耐轻盐碱土；耐污染能力较强。

观赏特征：冠大荫浓，春夏黄花满树，秋冬荚果悬挂。古人常在房前屋后种植桑树和梓树，因而桑梓具有代表家乡的意义。

园林应用：行道树，庭荫树，工矿区绿化树种。

落叶乔木分种检索表

1. 种子无包被 ·· 2
1. 种子有包被 ·· 6
  2. 叶扇形 ·· 51银杏
  2. 叶条形：
    3. 叶轮状簇生 ································ 47金钱松
    3. 叶不轮状簇生：
      4. 叶螺旋状着生 ·························· 49池杉
      4. 叶羽状着生：
        5. 叶对生 ···························· 48水杉
        5. 叶互生 ···························· 50落羽杉
  6. 单叶 ·· 7
  6. 复叶 ·· 53
    7. 叶对生 ······································ 8
    7. 叶互生 ······································ 15
      8. 叶红色 ································ 107红枫
      8. 叶绿色：
        9. 叶被无毛 ·························· 11
        9. 叶被有毛
          10. 花白色 ······················ 116泡桐
          10. 花紫色 ······················ 117紫花泡桐
        11. 花有4枚白色大形总苞片 ·········· 97四照花
        11. 花无4枚白色大形总苞片：
          12. 叶不裂 ······················ 118楸树
          12. 叶有裂：
            13. 蒴果 ···················· 119梓树
            13. 翅果：
              14. 掌状5~9裂 ········ 106鸡爪槭
              14. 掌状3裂 ··········· 105三角枫
        15. 枝条有环状托叶痕 ·············· 16
        15. 枝条无环状托叶痕 ·············· 19
          16. 叶为马褂形 ·················· 55鹅掌楸
          16. 叶不为马褂形：
            17. 叶先端内凹 ············ 54凹叶厚朴
            17. 叶先端不内凹：
              18. 花白色 ············ 52玉兰
              18. 花紫色 ············ 53二乔玉兰
          19. 枝具刺 ······················ 20
          19. 枝无刺 ······················ 21
            20. 叶基部三出脉 ············ 114枣
            20. 叶基部不为三出脉 ········ 86沙梨
            21. 枝叶具乳汁 ·················· 22
            21. 枝叶无乳汁 ·················· 25
              22. 叶有裂 ················ 23
              22. 叶不裂：
                23. 叶被毛 ············ 65构树
                23. 叶无毛 ············ 63无花果
                24. 叶菱形 ············ 99乌桕
                24. 叶卵形 ············ 64桑树
            25. 树皮斑驳状脱落 ·············· 26
            25. 树皮不脱落 ·················· 27
              26. 羽状脉明显，翅果 ········ 61榔榆
              26. 羽状脉不明显，梨果 ······ 87木瓜
              27. 叶有裂 ···················· 28
              27. 叶不裂 ···················· 31
                28. 枝条绿色 ·············· 29
                28. 枝条不为绿色：
                  29. 叶背有白粉 ······ 56檫木
                  29. 叶背无白粉 ······ 71梧桐
                  30. 叶背有毛 ········ 70悬铃木
                  30. 叶背无毛 ········ 57枫香
              31. 叶为三出脉 ·············· 32
              31. 叶不为三出脉 ············ 33
                32. 叶面粗糙有毛 ······ 59糙叶树
                32. 叶面光滑无毛 ······ 58朴树
              33. 叶紫红色 ·················· 34
              33. 叶不为紫红色 ············ 35
                34. 叶披针形 ············ 80紫叶桃
                34. 叶倒卵状椭圆形 ···· 77紫叶李
              35. 叶有锯齿 ·················· 36
              35. 叶无锯齿 ·················· 51
                36. 小枝绿色 ············ 78梅花
                36. 小枝不为绿色：
                  37. 枝条小垂 ········ 73垂柳
                  37. 枝条不下垂：
                    38. 叶缘锯齿为桃形 ·· 60榉树
                  38. 叶缘锯齿不为桃形：
                      39. 花为柔荑花序 ·· 40
                      39. 花不为柔荑花序 ·· 42
                    40. 叶柄有腺点 ·· 72欧美杨
                    40. 叶柄无腺点：
                      41. 树皮纵裂 ·· 74旱柳
                      41. 树皮不裂 ·· 95光皮桦
                    42. 果为翅果 ···· 62榆树
                    42. 果不为翅果：

43. 叶背无毛 …………………………………… 45
43. 叶背有毛：
　　44. 叶缘齿端刺芒状 ………………………… 69栓皮栎
　　44. 叶缘齿端波状 …………………………… 68槲栎
45. 花基部连合 ………………………………… 76野茉莉
45. 花基部分离：
　　46. 树冠峭立 ………………………………… 85西府海棠
　　46. 树冠不峭立：
　　　　47. 花期冬季 ……………………………… 83冬樱花
　　　　47. 花期不为冬季：
　　　　　　48. 叶柄具腺点 ……………………… 82樱花
　　　　　　48. 叶柄无腺点：
　　　　　　　　49. 叶披针形 …………………… 79桃花
　　　　　　　　49. 叶不为披针形：
　　　　　　　　　　50. 花瓣先端凹缺 ………… 81东京樱花
　　　　　　　　　　50. 花瓣先端不凹缺 ……… 84垂丝海棠
51. 大枝轮状着生 ……………………………… 96灯台树
51. 大枝不轮状着生：
　　52. 果蓝色 …………………………………… 94蓝果树
　　52. 果橙色 …………………………………… 75柿树
53. 掌状7小叶复叶 ……………………………… 104天师栗
53. 羽状复叶：
　　54. 叶对生 …………………………………… 55
　　54. 叶互生 …………………………………… 56
55. 果为翅果 …………………………………… 115白蜡
55. 果为蒴蒴果 ………………………………… 100野鸭椿
　　56. 枝条黄色 ………………………………… 91黄枝槐
　　56. 枝条不为黄色：
　　　　57. 枝条具刺 ……………………………… 92刺槐
　　　　57. 枝条无刺：
58. 三小叶复叶 ………………………………… 98重阳木
58. 不为三小叶复叶：
　　59. 一回羽状复叶 …………………………… 60
　　59. 二回羽状复叶 …………………………… 70
　　60. 叶轴上具翅 ……………………………… 61
　　60. 叶轴上无翅 ……………………………… 62
61. 小叶10~16枚 ……………………………… 67枫杨
61. 小叶7~13枚 ……………………………… 109盐肤木
　　62. 枝条龙游状 ……………………………… 90龙爪槐
　　62. 枝条不为龙游状：
　　　　63. 叶被毛 ………………………………… 64
　　　　63. 叶无毛 ………………………………… 65
　　　　　　64. 叶缘有锯齿 ……………………… 110火炬树
　　　　　　64. 叶缘光滑 ………………………… 93翅荚木
65. 叶基具臭腺点 ……………………………… 112臭椿
65. 叶基不具臭腺点：
　　66. 叶缘有齿 ………………………………… 101栾树
　　66. 叶缘无齿：
　　　　67. 叶基歪斜 ……………………………… 68
　　　　67. 叶基不歪斜 …………………………… 66核桃
　　　　　　68. 小叶奇数 ………………………… 111南酸枣
　　　　　　68. 小叶偶数：
　　　　　　　　69. 小叶5~7对 …………………… 108黄连木
　　　　　　　　69. 小叶8~14对 ………………… 103无患子
　　　　　　　　　　70. 小叶长1cm以下 ……… 71
　　　　　　　　　　70. 小叶长1cm以上 ……… 72
71. 花粉红色 …………………………………… 88合欢
71. 花黄色 ……………………………………… 89澳洲金合欢
　　72. 核果，黄色 ……………………………… 113苦楝
　　72. 蒴果，红色 ……………………………… 102复羽叶栾树

常绿灌木

120 千头柏 *Platycladus orientalis* (L.) Franco cv 'Sieboldii' 柏科

形态特征：无主干，树冠紧密，近球形；小枝片明显直立排列。叶鳞片状，先端微钝，对生。
习　　性：喜光，稍耐荫；较耐干旱瘠薄；耐修剪。
观赏特征：叶黄绿色，小枝片状直立。
园林应用：绿篱、模纹花坛，与其它树群植。

121 砂地柏 *Sabina vulgalis* Ant. 柏科

形态特征：匍匐状灌木，高不及1m。幼树常为刺叶，交叉对生；壮龄树几乎全为鳞叶；叶揉碎后有特殊香味，3枚轮生，灰绿色，顶端有角质锐尖头，背面沿中脉有纵槽。
习　　性：喜光；常生于多石山坡及沙丘地；耐干旱。
观赏特征：植株低矮匍匐，叶色深绿。
园林应用：地被，岩石园，基础种植。
同属常见种：铺地柏 *S. procumbens* (Sieb.ex Endl.) Iwata Kusata 匍匐灌木；全为刺叶，3叶轮生，灰绿色；喜海滨气候，适应性强。

122 含笑 *Michelia figo* (Lour.) Spreng. 木兰科

形态特征：灌木或小乔木，高2～5m，树冠圆形；分枝多而紧密，枝上具环状托叶痕。单叶互生，椭圆状倒卵形，长4～10cm，光亮，革质，全缘。花单生叶腋，淡黄色，边缘常带紫晕，有香蕉香味。花期3～5月。
习　　性：耐半荫；不耐曝晒和干燥；喜微酸土壤；耐修剪；对氯气有较强抗性。
观赏特征：树形圆整，花香浓郁，花形含蓄。
园林应用：孤植、对植、丛植、群植于林下、建筑物荫蔽处，庭园树。

123 紫花含笑　　*Michelia crassipes* Law　　木兰科

形态特征：灌木或小乔木，高 2 ~ 5m；芽、小枝、叶柄、花梗均密被红褐色或黄褐色长柔毛。叶倒卵形或狭倒卵形，长 7 ~ 13cm，革质，全缘。花深紫色，芳香。花期 3 ~ 5 月。
习　　性：喜光，稍耐荫；喜温暖湿润环境。
观赏特征：花紫色，花香浓郁，花形含蓄。
园林应用：孤植、丛植、群植于林缘，庭园树。

124 十大功劳（狭叶十大功劳）　　*Mahonia fortunei* (Lindl.) Fedde　　小檗科

形态特征：高达 2m，丛生少分枝。奇数羽状复叶互生，小叶 5 ~ 9，狭披针形，长 8 ~ 12cm，缘有 6 ~ 13 刺齿，硬革质。总状花序直立，4 ~ 8 条簇生，花黄色。浆果近球形，蓝黑色，有白粉。花期 7 ~ 8 月，果期 10 ~ 11 月。
习　　性：耐荫；生于山沟旁阴湿之地，耐干旱；萌蘖力强。果实可诱鸟。
观赏特征：树干丛生，枝叶扶疏，黄花蓝果。
园林应用：自然式绿篱，基础种植，群落下层。

125 阔叶十大功劳　　*Mahonia bealei* (Fort.) Carr.　　小檗科

形态特征：高达 4m，丛生少分枝。小叶 7 ~ 15，侧生小叶卵状椭圆形，内侧有大齿 1 ~ 4，外侧有大齿 3 ~ 6(8)，边缘反卷，背面苍白色，厚革质而硬，顶生小叶较大。总状花序直立，6 ~ 9 条簇生；花黄色。浆果卵形，蓝黑色，有白粉。花期 3 ~ 4 月，果期 9 ~ 10 月。
习　　性：耐荫；生于林下阴湿处，性强健。
观赏特征：叶型奇异，花黄成簇，果蓝黑色。
园林应用：绿篱，基础种植，群落下层。

126 南天竹（天竺，南天竺）　　*Nandina domestica* Thunb.　　小檗科

形态特征：高约2m，丛生少分枝，幼枝常红色。二至三回羽状复叶互生，小叶椭圆状披针形，长3～10cm，全缘。花白色，圆锥花序顶生；浆果球形，鲜红色。花期5～7月，果期8～10月。

习　　性：喜半荫，强光下叶色变红；石灰岩山地多见。

观赏特征：茎干丛生，枝叶扶疏，嫩叶红色，秋冬叶色变红；5月白花，夏秋累累红果，经久不落。为赏姿、叶、花、果佳品。

园林应用：丛植于庭园、草地边缘或园路转角处；基础种植；与假山石、园林小品相配。

127 豪猪刺（蚝猪刺，三棵针）　　*Berberis julianae* Schneid.　　小檗科

形态特征：高约2～2.5m；分枝紧密，小枝发黄，有棱角；有三叉刺，刺长达3.5cm。叶狭卵形至倒披针形，长5～7.5cm，缘有刺齿6～10对；常约5叶簇生于节上。花黄色，微香，径约6mm，有细长柄；常15～20朵簇生。浆果黑色，被白粉。花期4月。

习　　性：喜光，耐半荫；喜温凉湿润的气候环境；较耐寒。

观赏特征：黄花满枝。

园林应用：刺篱；基础种植；与假山石相配。

128 山茶（曼陀罗树，耐冬，茶花）　　*Camellia japonica* Linn.　　山茶科

形态特征：灌木或小乔木，高可达9m，树冠卵球形。单叶互生，椭圆形或倒卵形，长5～10cm，缘有细齿。花大，顶生，径5～12cm，花色从白到红，从单瓣到重瓣。花期1～4月。

习　　性：喜半荫，忌烈日；喜空气湿度大、微酸性土壤。

观赏特征：树冠多姿，叶色翠绿有光泽，冬春季花大色艳，花期长。

园林应用：丛植、群植于林缘、林下、庭园，建筑物周围荫蔽处，专类园。

129 茶梅　　　*Camellia sasanqua* Thunb.　　山茶科

形态特征：灌木或小乔木，高可达 6m，树冠球形或扁球形；嫩枝有毛。单叶互生，椭圆形至倒卵形，长 4～8cm，缘有细锯齿，中脉上略有毛。花 1～2 朵顶生，白色、粉色或红色，单瓣、半重瓣或重瓣，径 3.5～7cm，略芳香。花期依品种不同 9～11 月至翌年 1～3 月。

习　　性：喜光，稍耐荫，但在全光下开花更繁茂鲜艳；有一定抗旱性。

观赏特征：叶小枝茂，花色丰富，着花繁多。

园林应用：孤植、丛植，基础种植，绿篱。

130 红檵木　　　*Loropetalum chinense* (R. Br.) Oliv var. *rubrum* Yieh　　金缕梅科

形态特征：灌木或小乔木，高达 10m；小枝、嫩叶及花萼均有锈色星状毛。单叶互生，暗紫色，卵形或椭圆形，长 2～5cm，先端短尖，基部不对称，全缘。花瓣 4，带状条形，长 1～2cm，紫红色（因品种不同，花色、叶色略有区别），3～8 朵簇生小枝端。花期 3～4 月。

习　　性：喜光，稍耐荫；喜酸性土壤，适应性强；耐干旱瘠薄；耐修剪。

观赏特征：叶终年紫红色；3 月花繁茂，紫红至淡红。

园林应用：丛植、孤植，与山石相配，风景林之下木，造型，地栽桩景。

131 海桐（海桐花）　　　*Pittosporum tobira* (Thunb.) Ait.　　海桐科

形态特征：高 2～6m，树冠圆球形。单叶互生，集生枝端，长倒卵形，长 5～12cm，全缘，中脉白色明显，边缘略反卷。顶生伞形花序，花白色，径约 1cm，有芳香。蒴果熟后裂开，种子红色。花期 4 月，果熟期 9～10 月。

习　　性：喜光，较耐荫；喜海洋性气候，耐修剪；抗有毒气体及海潮风的能力较强。

观赏特征：树冠圆整，4 月花香，秋季蒴果开裂露出鲜红种子，晶莹可爱。

园林应用：孤植、丛植、对植，绿篱，工矿区绿化，海岸防护林。

品　　种：1. 斑叶海桐 'Variegata' 叶面有不规则白斑。
2. 矮海桐 'Nana' 枝叶密生，株高仅 40～60cm，特别适合作绿篱、地被。

132 红叶石楠　　　*Photinia × frasery*　　　蔷薇科

形态特征：为石楠属杂交种的统称，常见有'红罗宾'（'Red Robin'）和'红唇'（'Red Tip'）两个品种。叶与石楠的叶相似，长出的嫩叶鲜红色，园林栽培中常利用此特性修剪成灌木状。
习　　性：喜光，稍耐荫；耐修剪；喜温暖，较耐寒；喜排水良好的肥沃壤土，也耐干旱瘠薄。
观赏特征：嫩叶鲜红，之后稍淡。
园林应用：模纹花坛、地被、绿篱。

133 火棘（火把果，救军粮）　　　*Pyracantha fortuneana* (Maxim.) Li　　　蔷薇科

形态特征：高达 3m，枝拱形下垂。叶为倒卵状长椭圆形，长 1.5～6cm，缘具疏钝齿。复伞房花序，花小白色；梨果近球形，橘红或深红色。花期 4～5 月；果期 8～12 月。
习　　性：喜光，稍耐荫；耐干旱耐瘠，生石灰岩荒坡、溪沟边、路旁、灌丛。果实可诱鸟。
观赏特征：春季白花朵朵，入秋红果满枝，经久不落。
园林应用：基础种植，林缘、群落下层丛植，与山石搭配。

常绿灌木 | 69

134 胡颓子（雀儿酥） *Elaeagnus pungens* Thunb. 胡颓子科

形态特征：高4m；树冠开展，具棘刺，小枝有锈褐色鳞片。单叶互生，椭圆形，长5～10cm，叶缘下卷或呈波状，叶背银白色间褐色鳞片。花白色，1～3朵簇生短枝叶腋。果椭圆形，长约1.5cm，红色。花期10～12月；果期翌年4～6月。

习　　性：喜光，耐半荫；耐干旱又耐水湿；对有毒气体抗性强。果鸟喜食。

观赏特征：叶背银白色或褐色；花白色芳香，果红色。

园林应用：丛植，群落、林缘下层，绿篱。

品　　种：1. 金边胡颓子'Aurea'叶边缘黄色。
　　　　　2. 银边胡颓子'Variegata'叶边缘白色。
　　　　　3. 金心胡颓子'Maculata'叶中央部分黄色。

135 洒金东瀛珊瑚 *Aucuba japonica* Thunb. 'Variegata' 山茱萸科

形态特征：高可达5m；丛生，分枝少；树皮、小枝绿色。单叶对生，椭圆状卵形至长椭圆形，长8～20cm，缘疏生粗齿，叶面有黄斑。

习　　性：喜半荫；耐修剪；对烟尘抗性很强。

观赏特征：枝繁叶茂，绿叶上洒有金黄色斑点。

园林应用：丛植于林下、林缘、群落下层、建筑周围荫蔽处。

136 大叶黄杨（正木，冬青卫矛） *Euonymus japonicus* (Turcz.) Hand.-Mazz. 卫矛科

形态特征：灌木或小乔木，高达5m。单叶对生，倒卵形至椭圆形，长3～7cm，缘有钝齿，革质光亮。花绿白色；蒴果扁球形，粉红色，假种皮桔红色。果熟期9～10月。

习　　性：喜光，较耐荫；喜海洋性气候；极耐修剪整形；对有毒气体及烟尘抗性强。

观赏特征：树冠整齐，叶色光亮，假种皮桔红色。

园林应用：绿篱、造型，基础种植，工矿区绿化。

137 岳麓连蕊茶　　Camellia handelii Sealy　　山茶科

形态特征：高 1～2m；分枝多数，嫩枝有柔毛。单叶互生，卵状椭圆形，长 2.5～4cm，缘有锯齿，两面沿中脉有毛。花单生枝顶或生于近枝顶叶腋，白色，花瓣 5～6，径 4～6cm，略芳香。花期 2～3 月。
习　　性：喜光，稍耐荫；抗干旱瘠薄。
观赏特征：叶小枝茂，着花繁多。
园林应用：丛植，基础种植，自然式绿篱。

138 龟甲冬青（豆瓣冬青）　　Ilex crenata Thunb.var. convexa Makino　　冬青科

形态特征：高 1～2m，树冠半圆球形；多分枝。叶小而密，椭圆形至倒长卵形，长 1.5～3cm，缘有浅钝齿，厚革质，表面深绿色有光泽，背面浅绿有腺点。
生态习性：喜光，耐荫；耐修剪。
观赏特征：树冠圆整，叶小而密，深绿。
园林应用：孤植、丛植，建筑物周围荫蔽处。

139 黄杨（瓜子黄杨） *Buxus sinica* (Rehd.et Wils)cheng ex M.cheng 黄杨科

形态特征：灌木或小乔木，高达7m；枝叶较疏散，小枝有毛。单叶对生，倒卵形、倒卵状椭圆形至广卵形，长1.5～3.5cm，先端圆钝，背面中脉基部及叶柄有毛。花簇生叶腋或枝端。
习　　性：喜半荫；耐修剪。果实可诱鸟。
观赏特征：叶小而光亮，枝叶疏散，青翠可爱。
园林应用：林下、群落下层，基础种植，绿篱。

140 雀舌黄杨（细叶黄杨，匙叶黄杨） *Buxus bodinieri* Levl. 黄杨科

形态特征：高4m；分枝多而密集。叶薄革质，对生，通常匙形，长2～4cm，端钝圆或微凹，两面叶脉隆起明显，背面中脉密被白色钟乳体。花黄绿色；硕果卵圆形。
习　　性：喜光，耐半荫，萌蘖性强，生长缓慢；耐修剪。
观赏特征：植株矮小，枝叶密集。
园林应用：基础种植，绿篱，花坛镶边材料或组成图案，点缀山石。

141 夹竹桃（柳叶桃） *Nerium oleander* L. 夹竹桃科

形态特征：大灌木，高达5m；枝条含水液。3叶轮生，狭披针形，长11～15cm，全缘而略反卷，侧脉平行。花粉色或白色，径2.5～5cm，顶生聚伞花序；单瓣或重瓣。花期6～10月。
习　　性：喜光；耐旱力强；抗烟尘及有毒气体能力强。
观赏特征：叶似桃又似竹，花色艳丽，花期长达半年之久。
园林应用：丛植、列植于群落外围、围墙边或作背景，工矿区、道路绿化。

142 长春蔓（蔓长春花）   *Vinca major* L.   夹竹桃科

形态特征：蔓性灌木，高约50cm。单叶对生，卵形，长3～8cm，全缘，仅叶缘有毛。花单生叶腋，花冠紫蓝色，漏斗状，径3～5cm，裂片5，开展。花期3～5月。
习　　性：喜光，耐半荫；喜温暖、湿润和阳光充足的环境。
观赏特征：春夏花蓝色，十分幽雅。
园林应用：地被。
品　　种：斑叶长春蔓'Variegata'叶有黄白色斑纹。

143 南迎春（云南黄馨）   *Jasminum mesnyi* Hance   木犀科

形态特征：半蔓性灌木，小枝绿色有四棱，细长拱形。三出复叶对生，小叶椭圆状披针形。花黄色，较迎春大，径3.5～4cm，花冠6裂或成半重瓣，单生于具总苞状单叶之小枝端。花期长，2～4月。
习　　性：喜光，稍耐荫，喜湿润，也耐干旱，怕涝。
观赏特征：树形柔软婉垂，潇洒自然，春季开金黄色花，颜色艳丽。
园林应用：坡地、高地、水边悬垂，基础种植，花径。

144 小蜡（小叶女贞） *Ligustrum sinense* Lour. 木犀科

形态特征：灌木或小乔木，高达4m；小枝常有柔毛。单叶对生，薄革质，叶形及大小变化大，椭圆形至卵状椭圆形，长3～6cm，背面中脉有短柔毛。圆锥花序长4～10cm，白色，芳香，花梗细；核果近球形。花期4～5月。

习　　性：喜光，稍耐荫；耐修剪；对有毒气体抗性强。

观赏特征：春季满树白花，有芳香。

园林应用：林下、群落中层、绿篱、造型，工矿区绿化。

145 金叶女贞 *Ligustrum × vicaryi* Hort. 木犀科

形态特征：为金边卵叶女贞与欧洲女贞的杂交种。叶卵状椭圆形，长3～7cm，嫩叶黄色，后变为黄绿色。

习　　性：喜光；萌芽力强；具有滞尘抗烟的功能。

观赏特征：叶黄色。

园林应用：模纹花坛、造型，绿篱。

146 栀子花（黄栀子） *Gardenia jasminoides* Ellis 茜草科

形态特征：高2m。单叶对生或3叶轮生，叶倒卵状长椭圆形，长7～13cm，革质有光泽，全缘。花大，径达7cm，白色，芳香，单生枝顶，半重瓣或重瓣。花期5月。

习　　性：喜光，也耐荫，喜酸性土壤；耐干旱瘠薄；耐修剪。

观赏特征：叶色亮绿，花大洁白，芳香馥郁。

园林应用：孤植、丛植于林缘、庭院、角隅、路旁，花篱，花径。

147 雀舌栀子（水栀子，小叶栀子，海栀子） *Gardenia jasminoides* Ellis var. *radicans* Mak. 茜草科

形态特征：植株矮小匍匐状，枝平展铺地。叶较小，倒披针形，长 4～8cm。花小，重瓣，白色，芳香。花期 5 月。
习　　性：喜光，也耐荫；喜酸性土壤；耐干旱瘠薄；耐修剪。
观赏特征：叶色亮绿，匍匐地面；花小洁白，芳香馥郁。
园林应用：地被，花坛镶边，与山石搭配。
品　　种：花叶雀舌栀子'Variegata'叶具白色斑纹。

雀舌栀子

花叶雀舌栀子

148 六月雪（满天星） *Serissa japonica* (Thunb.) Thunb. 茜草科

形态特征：高不及 1m，丛生，多分枝。单叶对生或簇生状，狭椭圆形，长 0.7～2cm，全缘。花小，白色或带淡紫色，单生或多朵簇生，花冠漏斗状，端 5 裂。花期 5～6 月。
习　　性：喜阴湿；多生于林下、溪岩畔；耐修剪。
观赏特征：夏季白色小花满树，犹如六月飘雪，雅洁可爱。
园林应用：地被，模纹花坛，与山石搭配。
品　　种：金边六月雪'Aureo-marginata'叶边缘黄色或淡黄色。

149 杜鹃（锦绣杜鹃）　　*Rhododendron pulchrum* Sweet　　杜鹃花科

形态特征：高约 1.8m；枝具扁毛，顶芽有粘胶。单叶互生，长椭圆形，长 3～6cm，纸质，两面均有毛。花 1～3 朵簇生于枝端，花径达 6.5cm，花色多种，深红、粉、浅紫等，上有斑点；花梗及萼有毛。花期 3～4 月。

习　　性：喜侧方庇荫；喜酸性土。

观赏特征：春季花繁叶茂，花色多。

园林应用：丛植、林植于林缘、溪边、路旁，基础种植，自然式花篱、花径，专类园。

150 鹿角杜鹃（麂角杜鹃）　　*Rhododendron latoucheae* Franch.　　杜鹃花科

形态特征：高 3～5m；丛生。叶革质，常在枝顶轮生，椭圆形或长圆状披针形，长 7～11cm，两面无毛，边缘稍反卷。花常单生枝顶叶腋，花冠长 3.5～4cm，浅紫色。花期 4 月。

生态习性：喜侧方庇荫；常见于山坡疏林及林缘。

观赏特征：春季繁花满树。

园林应用：群落中层、林缘丛植、群植，专类园，花径。

151 八角金盘　　*Fatsia japonica* (Thunb.) Decne. Et Planch.　　五加科

形态特征：高 4～5m；丛生。单叶互生，近圆形，宽 12～30cm，掌状 7～9 深裂，缘有齿，叶柄长，基部肥厚。伞形花序集生成顶生圆锥花序，白色。花期 10～11 月。

习　　性：性喜荫；喜温暖湿润气候，不耐干旱。

观赏特征：叶大光亮。

园林应用：群植于林下、群落中、下层、建筑物荫蔽处，幼苗常作地被。

152 熊掌木　　×*Fatshedera lizei* (Cochet) Guillaum.　　五加科

形态特征：蔓性灌木，高可达 1m 以上；茎幼时具锈色柔毛。单叶互生，掌状 3~5 裂，长达 20cm，全缘，革质有光泽。

习　　性：喜半荫，耐荫性好；喜较高的空气湿度。

观赏特征：叶青翠碧绿，叶形奇特。

园林应用：地被，林下群植，建筑物荫蔽处。

153 鹅掌柴（鸭脚木）　　*Schefflera heptaphylla* (L.) D. G. Frodin　　五加科

形态特征：栽培条件下株高不到 1m。掌状复叶互生，小叶 6~9，长椭圆形或倒卵状椭圆形，长 9~17cm，全缘，革质有光泽，总叶柄长达 30cm。花小，白色，有香气，花期冬春。

习　　性：喜半荫；需在背风向阳的小气候条件下栽种；稍耐瘠薄。

观赏特征：株形丰满优美，适应能力强；叶色黄绿。

园林应用：基础种植，花台。

品　　种：花叶鹅掌柴'Variegata'叶具黄色斑纹。

154 朱砂根（大罗伞，红铜盆，平地木）　　*Ardisia crenata* Sims　　紫金牛科

形态特征：高 1m，无分枝；有匍匐根状茎。单叶互生，长椭圆形至倒披针形，长 7~15cm，边缘反卷，皱波状或波状齿，叶面有腺点；两面无毛。伞形花序顶生于侧枝上，花白色或淡红色。果球形，径 6~8mm，鲜红色，具腺点；果期冬季至翌年。

习　　性：喜半荫，生山地的常绿阔叶林中或溪边荫湿的灌木丛中腐殖质土壤上；忌干旱。

观赏特征：株形优美，冬春红果累累。

园林应用：林下、溪水边、构筑物荫蔽处地被，与山石搭配。

155 轮叶赤楠　　*Syzygium grijsii* (Hance) Merr. et Perry　　桃金娘科

形态特征：枝密集，小枝4棱形。3叶轮生，狭椭圆形至倒披针形，光滑无毛，形似黄杨，长1.5～3cm，全缘，羽状侧脉汇合成边脉。花小，白色，顶生聚伞花序；花期6～7月。

习　　性：较耐荫；喜温暖湿润气候，多生灌丛、疏林和林下。

观赏特征：枝叶稠密，嫩叶红色；夏季白花满树。

园林应用：孤植、丛植于林下、群落下层、构筑物荫蔽处，自然式绿篱。

156 红千层（刷毛桢）　　*Callistemon rigidus* R. Br.　　桃金娘科

形态特征：高2～3m。单叶互生，线形，长5～8cm，坚硬，无毛，两面有小突点，中脉和边脉明显。穗状花序紧密，生于枝之近端处；雄蕊鲜红色，长约2.5cm，由花轴向周围突出，整个花序极似试管刷；花期夏秋。

习　　性：喜光，能耐烈日酷暑；耐干旱瘠薄；耐修剪。

观赏特征：花形奇特，色彩鲜艳，开放时火树红花。

园林应用：丛植、群植于林缘、路边、草坪处缘，先锋树种。

157 瑞香　　*Daphne odora* Thunb.　　瑞香科

形态特征：高1.5～2m；小枝无毛。单叶互生，长椭圆形或倒披针形，长5～8cm，全缘，质较厚，表面深绿有光泽。花无瓣，花萼筒状，花瓣状，白色或淡红紫色，芳香，成顶生头状花序；花期3～4月。

习　　性：喜荫；忌日光曝晒，喜排水良好的酸性土壤。

观赏特征：春季白花，芳香。

园林应用：孤植、丛植于林下、群落下层、建筑物荫蔽处。

158 叶子花 *Bougainvillea spectabilis* Willd. 紫茉莉科

形态特征：攀援灌木，有枝刺；枝叶密生柔毛。单叶互生，卵形或卵状椭圆形，长5～10cm，全缘。花常3朵顶生，各具1大形叶状苞片，玫瑰红色、白色、砖红色等。长江流域多于6～12月开花。

习　　性：喜光；需在背风向阳的小气候下栽种，不择土壤；适应性强。

观赏特征：花色多样，花期长，苞片美丽。

园林应用：攀援山石、园墙；基础种植。

159 扶桑 *Hibiscus rosa-sinensis* L. 锦葵科

形态特征：高1.5～2m。单叶互生，广卵形至长卵形，长4～9cm，缘有粗齿，基部全缘，无毛，表面有光泽。花色多种，红、黄、粉、白等，单瓣、半重瓣、重瓣，雄蕊柱超出花冠外，夏秋开花。

习　　性：喜光；需在背风向阳的小气候条件下栽种。

观赏特征：枝叶稠密，花色艳丽。

园林应用：花篱，花径，基础种植。

160 五色梅 *Lantana camara* L. 马鞭草科

形态特征：高不到1m；全株具粗毛，并有臭味。单叶对生，卵形至卵状椭圆形，长3～9cm，缘有齿，叶面稍皱。花小，密集成腋生头状花序，初开时黄色或粉红色，渐变橙黄或桔红色，最后成深红色；花期夏秋。现有花色为纯色的品种。

习　　性：喜光；喜高温高湿和阳光充足的环境，适应性强。

观赏特征：枝叶稠密，花色艳丽。

园林应用：花坛，花径，自然式绿篱。

161 萼距花　　*Cuphea hookeriana* Walp.　　千屈菜科

形态特征：高 30～60cm；茎具粗毛及短小硬毛，分枝细，密被短柔毛。叶对生，披针形或卵状披针形，顶部的线状披针形，长 2～4cm，中脉在下面凸起，有叶柄。花顶生或腋生；花萼被粘质柔毛或粗毛，基部有距；花瓣紫红色。花期自春至秋，随枝梢的生长而不断开花。

习　　性：喜光，稍耐荫；喜高温，不耐寒，在 5 度以下常受冻害；耐贫瘠土壤；耐修剪。
观赏特征：枝繁叶茂，叶色浓绿；花美丽而周年开花不断，可引蝶。
园林应用：地被，花坛镶边，花丛，花台。

162 凤尾兰（波萝花）　　*Yucca gloriosa* L.　　百合科

形态特征：高可达 2.5m，植株具茎，有时分枝。叶狭长剑形，长 40～60(80)cm，密集、螺旋排列茎端，质坚硬，有白粉，边缘光滑，老叶有时具疏丝，叶端尖刺状。圆锥花序高 1m 多，乳白色，花大而下垂。花期 6～9 月。

习　　性：喜光；适应性强，耐水湿。
观赏特征：叶形奇特，粉绿色；夏秋白花。
园林应用：孤岛、绿篱内丛植（避免在人活动处近距离种植）。

163 棕竹（筋头竹）　　*Rhapis excelsa* (Thunb.) A.Henry　　棕榈科

形态特征：高 2～3m，丛生灌木；茎干直立纤细如手指，不分枝。叶集生茎顶，5～10 掌状深裂几达基部；叶柄细长。肉穗花序腋生，花小，淡黄色。花期 4～5 月。

习　　性：耐荫；生于林下、林缘、溪边等阴湿处；喜微酸性土。
观赏特征：株形紧密，叶形清秀，既有热带风韵，又有竹的潇洒。
园林应用：地被，林下、建筑物荫蔽处丛植。

常绿灌木分种检索表

1. 种子有包被 ·· 3
1. 种子无包被：
   2. 茎直立 ······································ 120千头柏
   2. 茎匍匐 ······································ 121砂地柏
3. 茎分枝 ·· 5
3. 茎不分枝：
   4. 叶剑形 ······································ 162凤尾兰
   4. 叶5～10掌状深裂 ·························· 163棕竹
5. 单叶 ··· 10
5. 复叶：
   6. 叶对生 ······································ 143南迎春
   6. 叶互生：
7. 掌状复叶 ······································· 153鹅掌柴
7. 羽状复叶：
   8. 2～3回羽状复叶 ·························· 126南天竹
   8. 一回羽状复叶：
9. 小叶5～9枚，狭披针形，缘有刺齿6～13对
                           124十大功劳
9. 小叶7～15枚，卵形或卵状披针形，缘有刺齿2～5对
                           125阔叶十大功劳
10. 叶互生 ·· 25
10. 叶对生或轮生：
11. 叶对生 ··· 13
11. 叶轮生：
   12. 叶椭圆形，长1.5～3cm ················ 155轮叶赤楠
   12. 叶狭披针形，长11～15cm ············· 141夹竹桃
13. 叶面有不规则黄色斑点 ············· 135洒金东瀛珊瑚
13. 叶面无不规则黄色斑点：
   14. 茎直立 ····································· 18
   14. 茎匍匐或蔓生：
15. 叶宽2cm以上 ································ 142长春蔓
15. 叶宽2cm以下：
   16. 花白色 ································· 147雀舌栀子
   16. 花紫红色 ······························· 161萼距花
17. 叶黄色 ·· 145金叶女贞
17. 叶不为黄色：
   18. 叶缘光滑 ··································· 21
   18. 叶缘有齿：
19. 叶面皱 ·· 160五色梅
19. 叶面光滑 ····································· 136大叶黄杨
20. 叶长7cm以上 ································ 146栀子花
20. 叶长7cm以下：
21. 小叶有毛 ····································· 144小蜡
21. 小叶无毛：
   22. 花白色 ································· 148六月雪
   22. 花不为白色：
23. 叶卵形至椭圆形 ······························ 139黄杨
23. 叶狭长，倒披针形 ························ 140雀舌黄杨
24. 枝条有环状托叶痕 ···························· 26
24. 枝条无环状托叶痕 ···························· 27
25. 花米黄色 ····································· 122含笑
25. 花深紫色 ··································· 123紫花含笑
26. 枝具刺 ·· 28
26. 枝无刺 ·· 31
27. 叶背银白色 ··································· 134胡颓子
27. 叶背绿色：
   28. 刺三叉 ·································· 127豪猪刺
   28. 刺不分叉：
29. 叶缘有齿 ····································· 133火棘
29. 叶全缘 ·· 158叶子花
30. 叶不裂 ·· 33
30. 叶掌状裂：
31. 叶掌状7～11深裂 ························· 151八角金盘
31. 叶掌状3～5浅裂 ·························· 152熊掌木
   32. 叶为绿色 ··································· 35
   32. 叶为红色：
33. 叶缘有锯齿 ································· 132红叶石楠
33. 叶缘光滑 ····································· 130红檵木
34. 叶缘具齿 ·· 40
34. 叶缘光滑：
35. 叶面具毛 ····································· 149杜鹃
35. 叶面光滑：
   36. 花为红色 ······························· 156红千层
   36. 花为白色或浅紫色：
37. 小枝常3枝轮生 ····························· 150鹿角杜鹃
37. 小枝不为轮生：
   38. 叶缘反卷 ······························· 131海桐
   38. 叶缘不反卷 ···························· 157瑞香
39. 叶长2cm以下 ······························· 138龟甲冬青
39. 叶长2cm以上：
40. 果为红色 ····································· 154朱砂根
40. 果不为红色：
41. 雄蕊柱长，伸出花冠外 ······················ 159扶桑
41. 雄蕊柱不伸出花冠外：
   42. 嫩枝无毛 ······························· 129山茶
   42. 嫩枝有毛：
43. 叶长2～4cm ······························ 137岳麓连蕊茶
43. 叶长4～8cm ································ 128茶梅

落叶灌木

164 紫玉兰（木兰，辛夷，木笔） *Magnolia liliflora* Desr. 木兰科

形态特征：高达 3～5m；枝上具环状托叶痕，小枝紫褐色。单叶互生，椭圆形或倒卵状椭圆形，长 8～18cm，基部楔形并稍下延，背面无毛或沿中脉有柔毛。花大，单生于枝顶，花瓣 6 片，外面紫色或紫红色，内面白色。花期 3～4 月。

习　　性：喜光树种，荫处无花或少花；喜肥沃湿润而排水良好的土壤；忌积水。

观赏特征：花蕾时形如笔头，紫色或紫红色，春季先花后叶或花叶同放。

园林应用：丛植、群植于庭院、树丛或建筑物周围（尤其白色、灰白色建筑物）。

165 蜡梅（腊梅） *Chimonanthus praecox* (L.) Link 蜡梅科

形态特征：高达 3m；小枝近方形。单叶对生，卵状椭圆形至卵状披针形，长 7～15cm，半革质而较粗糙。花单朵腋生，蜡质黄色，具浓香，花期 12 月至翌年 3 月。

习　　性：喜光，稍耐荫；耐干旱，忌水湿；在风口处种植花苞不易开放，抗氯气、二氧化硫污染能力强。

观赏特征：冬至早春花黄如蜡，清香四溢。花色似黄蜡而名。

园林应用：孤植、丛植于角隅、窗外、林缘、花径。

166 小檗（日本小檗） *Berberis thunbergii* DC. 小檗科

形态特征：高达 3m；多分枝，枝红褐色，刺通常不分叉。叶常簇生，倒卵形或匙形，长 0.5～2cm，全缘，叶表暗绿，光滑无毛，背面灰绿，有白粉。花小，黄白色，单生或簇生。浆果椭圆形，熟时亮红色。花期 4～5 月，果 9 月成熟。

习　　性：喜光，且耐荫；较耐干旱瘠薄，耐修剪。果实可诱鸟。

观赏特征：叶小圆形，入秋变色，春日黄花，秋季果红。

园林应用：林下、林缘、群落下层丛植、群植、绿篱。

品　　种：1. 紫叶小檗 'Atropurpurea' 叶色常年紫红（但需在阳光充足处）；作地被、模纹花坛。
　　　　　2. 金叶小檗 'Aurea' 叶色常年黄色（但需在阳光充足处）；作地被、模纹花坛。

167 金丝桃　　　　　*Hypericum monogynum* L.　　　　藤黄科

形态特征：高约 1m；全株无毛，多分枝，小枝红褐色。单叶对生，倒披针形至长椭圆形，长 3～8cm，全缘，具透明腺点，无叶柄。聚伞花序具 1～15 朵花，花瓣黄色，花径约 5cm，花丝多而细长。花期 6 月。

习　　性：喜光，稍耐荫；常生于山坡、路旁或草丛中。

观赏特征：花色金黄，呈束状纤细的雄蕊花丝也灿若金丝。

园林应用：丛植、群植于庭院、水边、假山石旁及路边、草坪边缘等处，花台。

168 扁担杆（孩儿拳头，扁担木）　　*Grewia biloba* G. Don　　椴树科

形态特征：高 1～3m；小枝有星状毛。叶狭菱状卵形或狭菱形，长 3～9(12)cm，缘有不规则锯齿，基部 3 主脉，两面疏生星状毛。聚伞花序与叶对生，花淡黄绿色。核果橙红色，2 裂。花期 5～6 月，果期 9～10 月。

习　　性：喜光，稍耐荫；较耐干旱瘠薄。

观赏特征：秋季果实橙红美丽，且宿存枝头达数月之久，颇具野趣。

园林应用：丛植、群植，自然式绿篱，与山石配植。

169 木槿　　　　　*Hibiscus syriacus* L.　　　　锦葵科

形态特征：灌木或小乔木，高 2～6m；多分枝。单叶互生，在短枝上也有 2～3 片簇生者，叶菱状卵形，长 3～6cm，通常 3 裂，缘具粗齿或缺刻，光滑无毛。花单生叶腋，花色品种繁多，浅蓝紫色、粉红色或白色、红色等，单瓣、半重瓣、重瓣；花期 6～9 月。

习　　性：喜光，耐半荫；适应性强，耐干旱瘠薄，但不耐积水；耐修剪。

观赏特征：夏秋开花，花期长而花量多，且有许多不同花色、花型的品种。

园林应用：基础种植，绿篱，丛植、群植于草坪、路边或林缘。

170　木芙蓉（芙蓉花，拒霜花）　　*Hibiscus mutabilis* L.　　锦葵科

形态特征：高 2～5m，丛生型；枝干密生星状毛。叶卵圆形，径 10～15cm，掌状 3～5(7) 裂，缘具浅钝齿，两面被毛。花单生枝端叶腋，清晨初开时粉红、白色，傍晚变成紫红色。花期 9～11 月。

习　　性：喜光，稍耐荫；对有毒气体抗性较强。

观赏特征：秋季开花，花大而美丽，其花色、花型随品种不同有丰富变化。

园林应用："芙蓉宜植池岸，临水为佳"。丛植于庭院、坡地、路边、林缘及建筑物周围，花篱，工矿区绿化。

品　　种：醉芙蓉 'Versicolor' 花在一日之中，初开为白色，渐变淡黄、粉红，最后成红色。

171　山麻杆　　*Alchornea davidii* Franch.　　大戟科

形态特征：高 1～2m；茎干直立丛生而分枝少，茎皮常呈紫红色；幼枝密被白色柔毛。单叶互生，阔卵形或卵圆形，长 6～14cm，两面疏生短柔毛，缘有锯齿，叶柄被短毛并有 2 个以上腺体。花单性同株。

习　　性：喜光，稍耐荫；萌蘖性强，抗旱能力低。

观赏特征：茎干丛生，茎皮紫红，早春嫩叶紫红，后转红褐。

园林应用：自然野趣地（如高速公路旁）丛植、群植，风景林下层，林缘。

172 牡丹（木芍药）   *Paeonia suffruticosa* Andr.   毛茛科

形态特征：高达 2m；枝多而粗壮。二回三出复叶互生，小叶卵形，长 4.5～8cm，3～5 裂，背有白粉，无毛。花大，径 12～30cm，单生枝端；单瓣或重瓣，白、粉、深红、紫红、黄、豆绿等色。花期 4 月下旬至 5 月上旬。
习　　性：喜光，夏季需侧方庇荫；喜凉爽；忌积水。
观赏特征：花大色艳的传统名花，富贵的象征，被称为"百花之王"。
园林应用：林缘丛植、群植，基础种植，与假山石搭配，专类园，花台；"如牡丹、芍药之姿艳，宜玉砌雕台，佐以嶙峋怪石，修篁远映"。

173 八仙花（绣球花，草绣球）   *Hydrangea macrophylla* (Thunb.) Seringe   绣球科

形态特征：高 3～4m；小枝粗壮，无毛，皮孔明显。单叶对生，倒卵形至椭圆形，长 7～20cm，有粗锯齿，两面无毛。顶生伞房花序，球状；每一簇花，中央为可孕的两性花，呈扁平状，外缘为不孕花，每朵具有扩大的萼片四枚，呈花瓣状；粉红、蓝色或白色。有多种花色的园艺品种。花期为 4～6 月。
习　　性：喜荫植物；喜酸性土壤；对有毒气体抗性较强。
观赏特征：花序极大，花量多而繁茂。
园林应用：庭园、林下、路缘及建筑物荫蔽处丛植，花境。

174 溲疏   *Deutzia scabra* Thunb.   绣球科

形态特征：高 2～3m；树皮薄片状剥落，小枝红褐色。单叶对生，长卵状椭圆形，长 3～8cm，缘具小刺尖状齿，两面有星状毛，粗糙。花白色或外面带粉红色，总状花序有时基部分枝，或成圆锥花序；有重瓣、纯白色品种。花期为 5～6 月。
习　　性：喜光，稍耐荫；多生于山谷溪边、山坡灌丛中或林缘；耐修剪。
观赏特征：夏季白花繁密而素雅，花期较长。
园林应用：林缘、路边丛植，花径，基础种植。

175 中华绣线菊　　*Spiraea chinensis* Maxim.　　蔷薇科

形态特征：高可达 2.5m；枝拱形。叶菱状卵形或倒卵状椭圆形，长 2.5～4cm，中部以上具缺刻状粗齿，有时 3 浅裂，下面密被毛。花小而白色，伞形花序生侧枝顶，具花 20～40。花期 3～5 月。
习　　性：喜光，且耐荫；生于疏林下，适应性强。
观赏特征：植株清秀，白色小花密集。
园林应用：丛植、群植于林缘，基础种植。

176 粉花绣线菊（日本绣线菊）　　*Spiraea japonica* L.　　蔷薇科

形态特征：高达 1.5m。叶卵状椭圆形，长 3～8cm，缘具复锯齿或单锯齿，背面灰绿色，脉上有毛。花粉红色，复伞房花序，有柔毛，生于当年生枝端；花期 6～8 月。
习　　性：喜光，稍耐荫，耐旱适应性强。
观赏特征：植株低矮，新叶金黄色；粉色花小而密集。
园林应用：丛植、群植于林缘，基础种植。
品　　种：金叶粉花绣线菊 *S.* × *bumalda* 'Gold Mound' 高约 40～60cm，新叶金黄色，花粉红色。作地被、模纹花坛。

177 现代月季　　*Rosa cvs* (R. hybrida Hort.)　　蔷薇科

形态特征：半常绿灌木，具钩状皮刺。羽状小叶 3～5 枚，广卵形至卵状椭圆形，长 2.5～6cm，缘有尖锯齿，两面无毛。花常数朵簇生，微香，单瓣、半重瓣或重瓣，径 5cm 以上，粉红、白色、深红、黄色、紫色等。花期 4～10 月。
习　　性：喜光；适应性强。对土壤要求不严，以富含有机质、排水良好而微酸性土壤最好。
观赏特征：植株高度、花色、花径大小及花期变化多端，因品种而异。
园林应用：花坛、花径、花境、花台、专类园；林缘。
品　　种：丰花月季（Floribunda Roses）植株低矮，有成团成簇开放的中型花朵，花色丰富，花期长。作地被、模纹花坛。

178 棣棠　　Kerria japonica (L.) DC.　　蔷薇科

形态特征：高 1.5～2m；小枝绿色，光滑。单叶互生，卵状椭圆形，长 3～8cm，缘具重锯齿。花单瓣或重瓣，黄色，单生于侧枝端，径 3.0～4.5cm，花期 4～5 月和 9～10 月。

习　　性：喜光，耐半荫；生于山涧、岩石旁、灌丛中或林下。

观赏特征：枝叶清秀，春季黄色花满树。

园林应用：自然式花篱，丛植于草坪、角隅、路边、林缘、假山旁。

179 贴梗海棠（皱皮木瓜）　　Chaenomeles speciosa (Sweet) Nakai　　蔷薇科

形态特征：高达 2m；枝直立或平展，有枝刺。单叶互生，长卵形至椭圆形，长 3～8cm，缘有钝齿，表面无毛而有光泽；托叶大而明显。花 3～5 朵簇生，花梗短粗或近无梗，粉红色、朱红色或白色，径达 3.5cm；果卵形至球形，径 4～6cm，黄色，芳香。花期 3～4 月，8～9 月果熟。

习　　性：喜光；耐瘠薄，忌湿，耐修剪。

观赏特征：花色艳丽，果大清香。

园林应用：丛植于庭院、墙隅、路边、池畔，基础种植。

180 榆叶梅　　Prunus triloba Lindl.　　蔷薇科

形态特征：高达 2～3m；小枝细长，无毛或幼时稍有短柔毛。单叶互生，叶倒卵状椭圆形，长 2.5～5cm，先端有时有不明显 3 浅裂，粗重锯齿。花粉红色，径 1.5～2(3)cm，先叶开放或花叶同放。核果紫红色，球形。花期 3～4 月，果熟期 7 月。

习　　性：喜光；耐旱，耐寒，不耐水涝。

观赏特征：早春粉花满树，春意盎然。

园林应用：基础种植，花径，群植，丛植于草坪边、路边、庭园、角隅、池畔、山石处等。

181 郁李　　Prunus japonica Thunb.　　蔷薇科

形态特征：高达 1.5m；枝细密，无毛。叶卵形或卵状长椭圆形，长 3～5(7)cm，先端长尾尖，缘有尖锐重锯齿。花繁茂，白色或粉红色，径约 1.5cm，单瓣或重瓣。核果球形，深红色，径约 1cm。花期 3～4 月，果熟期 5～6 月。
习　　性：喜光；耐旱，耐水湿；耐烟尘。果实能吸引鸟类。
观赏特征：早春繁花满树，秋季红果；秋叶红艳。
园林应用：丛植于山坡、水边、林缘或草坪周围，群植，花篱，花径。

182 紫荆（满条红）　　Cercis chinensis Bunge　　苏木科

形态特征：灌木或小乔木，高达 2～4 m。单叶互生，心形，长 5～13cm，全缘，光滑无毛。花假蝶形，5～8 朵簇生于老枝及茎干上，紫红色。花期 3 月，叶前开放。
习　　性：喜光；耐干旱瘠薄，忌水湿。
观赏特征：先花后叶，鲜艳的花朵密满全株各枝条。
园林应用：丛植、群植于庭院、建筑物周围（尤其白色、灰白色建筑）及草坪边缘，林缘。

183 双荚决明（金边黄槐） *Cassia bicapsularis* L. 苏木科

形态特征：高达 1～3 m。羽状复叶互生，小叶 3～5 对，倒卵形至长圆形，长 2～4cm，全缘，叶面灰绿色，叶缘金黄色；第 1～2 对小叶间有突起的腺体。花金黄色，总状花序。花期 10～11 月。

习　　性：喜光，稍耐荫；耐干旱瘠薄，耐修剪。

观赏特征：花期长，鲜艳的花朵密满全株。

园林应用：丛植、群植于庭院、建筑物周围及草坪边缘，林缘，绿篱；绿肥树种。

184 锦鸡儿 *Caragana sinica* Rehd. 蝶形花科

形态特征：高 2m；枝细长有角棱，长枝上的托叶及叶轴硬化成针刺。偶数羽状复叶互生，小叶 4 枚，成远离的 2 对，长倒卵形，长 1.5～3.5cm。花单生，橙黄色，长 2.5～3cm。花期 4～5 月。

习　　性：喜光；耐干旱瘠薄；耐修剪。

观赏特征：枝繁叶茂，花冠蝶形，黄色带红，展开时似金雀。

园林应用：丛植于岩石旁、坡地、路边、岩石园，绿篱，先锋树种，野趣园。

185 胡枝子 *Lespedeza bicolor* Turcz. 蝶形花科

形态特征：高 1～3m；常丛生状。三出复叶互生，小叶卵状椭圆形，长 1.5～7cm，先端钝圆并具小刺尖，两面疏生平伏毛。花淡紫色，长 1.2～1.7cm，每 2 朵生于苞腋，腋生总状花序。花期 7～9 月。

习　　性：喜光，耐半荫；耐干旱瘠薄，适应性强。可改良土壤。

观赏特征：花淡紫色小而多，淡雅秀丽，自然野趣。

园林应用：丛植于岩石旁、坡地、路边、岩石园，绿篱，先锋树种，野趣园。

186　紫薇（百日红，痒痒树）　　*Lagerstroemia indica* L.　　千屈菜科

形态特征：灌木或小乔木，高 3～6m；树皮薄片剥落后特别光滑，小枝四棱状。单叶对生，椭圆形或卵形，长 3～7cm，全缘，近无柄。花淡红、浅紫、红、白色等，径达 4cm，成顶生圆锥花序；花瓣 6，皱波状或细裂状，具长爪。花期 6～10 月。
习　　　性：喜光，稍耐荫；喜肥沃、湿润而排水良好的石灰性土壤，耐旱。
观赏特征：树干光滑洁净，花色艳丽，花期长；花瓣皱波状，奇特。
园林应用：丛植、群植、孤植于庭院、草坪边缘、路边、林缘（近距离观赏），基础种植，花径。

187　结香　　*Edgeworthia chrysantha* Lindl.　　瑞香科

形态特征：高 1～2m；枝条粗壮柔软（可打结），常三叉分枝，枝上叶痕隆起。单叶互生，常集生枝顶，椭圆状倒披针形，长 8～16cm，全缘。花黄色，有浓香，成下垂头状花序，腋生枝端。核果卵形，状如峰窝。花期 2～3 月，叶前开花。
习　　　性：喜半荫，也耐日晒；怕积水。
观赏特征：姿态清雅，花多成簇，芳香浓郁。
园林应用：孤植、列植、丛植于庭前、路旁、墙隅，点缀于假山岩石之间，曲枝造型。

188 石榴（安石榴，海石榴）　　Punica granatum L.　　石榴科

形态特征：高 2 ~ 7m；枝常有刺。单叶对生（长枝上）或簇生（短枝上），长椭圆状倒披针形，长 3 ~ 6cm，全缘。花红色、粉色、橙红、黄色等品种，单瓣或重瓣，单生枝端。果近球形，古铜黄或红色。花期 5 ~ 8 月，果熟 9 ~ 10 月。
习　　性：喜光；喜石灰质土壤；荫蔽或通风不良时，只长叶，开花少。
观赏特征：叶碧绿而又光泽，花色艳丽又正值花少的夏季；秋季果红，可食。传统中石榴树是富贵、吉祥、繁荣的象征。
园林应用：孤植、丛植、群植于庭院、草坪边缘、路边、林缘，基础种植，花径。

189 卫矛（鬼箭羽）　　Euonymus alatus (Thunb.) Sieb.　　卫矛科

形态特征：高达 3m，树冠疏散；小枝具四棱，有时棱发育为木栓翅。单叶对生，倒卵形或卵状椭圆形，长 2.5 ~ 6cm，边缘有细锐锯齿，两面无毛。聚伞花序腋生，花黄绿色；蒴果四深裂，种子具红色假种皮。花期 5 ~ 6 月，果熟期 9 ~ 10 月。
习　　性：喜光，且耐荫；适应性强，生干燥山坡灌丛及林缘；耐修剪；对二氧化硫有较强的抗性。果实可诱鸟。
观赏特征：枝翅奇特，果裂红艳；嫩叶、秋叶红色。
园林应用：孤植、丛植于假山石旁、林缘，基础种植，野趣园。

190 假连翘   *Duranta erecta* L.   马鞭草科

形态特征：半常绿，高达3m；枝细长，拱形下垂，有时具刺。单叶对生，倒卵形，长3～6cm，中上部有疏齿，或近全缘，表面有光泽。花冠蓝色或淡紫色，高脚碟状，端5裂；总状花序生于枝端或叶腋；夏季开花。核果肉质，成串包在萼片内，熟时鲜黄色，有光泽。

习　　性：喜光，耐半荫；喜温暖湿润气候，生长迅速，耐修剪。

观赏特征：夏季花蓝色或淡紫色，清新淡雅；果色泽鲜艳，入秋经久不落。

园林应用：丛植于草坪、墙隅、路边、林缘、庭院，基础种植，花径，自然式绿篱。

191 紫珠   *Callicarpa japonica* Thunb.   马鞭草科

形态特征：高1.5～2m；小枝幼时有柔毛。单叶对生，卵状椭圆形至倒卵形，长7～15cm，缘有细锯齿，两面无毛，背面有金黄色腺点。花淡紫色或近白色，聚伞花序腋生；核果球形，径约4mm，亮紫色。花期8月，秋冬观果。

习　　性：喜光，耐半荫；喜温暖湿润气候，较耐寒；对土壤要求不严。

观赏特征：枝条柔细；秋冬季紫色果满树。

园林应用：丛植于草坪、墙隅、路边、林缘、庭院，基础种植，花径，自然式绿篱。

| 落叶灌木 | 93

192 金钟花　　*Forsythia viridissima* Lindl.　　木犀科

形态特征：高 1.5～3m；枝拱形下垂，绿色，枝髓片状。单叶对生，椭圆形，长 5～10cm，中部以上有锯齿。花金黄色，1～3 朵腋生。花期 3 月。
习　　性：喜光，稍耐荫；适应性强，耐干旱，较耐湿。
观赏特征：黄色花先叶而放，金黄灿烂。
园林应用：丛植于草坪、墙隅、路边、林缘、庭院，基础种植，花径。

193 丁香（紫丁香）　　*Syringa oblata* Lindl.　　木犀科

形态特征：高 4～5m；小枝较粗壮，无毛。单叶对生，广卵形，宽通常大于长，宽 5～10cm，基部近心形，全缘。花紫色，花筒细长，长 1～1.2cm，成密集圆锥花序；芳香。花期 4 月。
习　　性：喜光，稍耐荫；耐干旱。
观赏特征：春季紫花满树，芳香四溢。
园林应用：庭园、林缘、路边丛植，基础种植，花径，专类园。
品　　种：白丁香'Alba'花白色，叶较小。

194 木绣球　　*Viburnum macrocephalum* Fort.　　忍冬科

形态特征：高达 4m；小枝及叶背密被星状毛。单叶对生，卵形或卵状椭圆形，长 5～10cm，叶脉在上面凹陷，边缘有尖锯齿。花序几乎全为大型白色不孕花，形如绣球，径约 15～20cm。花期 4～5 月。
习　　性：喜光，稍耐荫，耐寒；萌芽力、萌蘖力均强。
观赏特征：花繁密如绣球，自春至夏开花不绝。
园林应用：孤植、丛植，基础种植，群落中下层，水边。

195 琼花 *Viburnum macrocephalum* Fort. f. *keteleeri* Rehd.　忍冬科

形态特征：半常绿，高 2～3m；小枝、叶柄、叶下面、花序均密被毛。叶厚纸质，卵状椭圆形，长 5～10cm，叶脉在上面凹陷，边缘有尖锯齿。聚伞花序组成伞形或圆锥式，花序径 8～15cm；外缘不孕花径 3～4cm，白色，中间为可孕花。核果近球形，深红色。花期 4～5 月，果期 9～10 月。

习　　性：喜光，稍耐荫；生山地疏林、灌丛；适应性强。

观赏特征：花白色而繁密，果红色而艳丽。

园林应用：孤植、丛植，基础种植，群落中下层，水边。

196 蜡瓣花（中华蜡瓣花） *Corylopsis sinensis* Hemsl.　金缕梅科

形态特征：高达 5m；嫩枝被毛。单叶互生，倒卵圆形，长 5～9cm，基部斜心形，侧脉每边 7～8 条，边缘具尖锐粗齿，背面被星状毛。总状花序长约 5cm，下垂，花黄色，有香气。花期 2～3 月。

习　　性：喜光，且耐荫；喜温暖湿润气候及酸性土。

观赏特征：先叶开花，花序累累下垂，光泽如蜜蜡，色黄而具芳香。

园林应用：孤植、丛植，基础种植，群落中下层。

197 映山红　　*Rhododendron simsii* Planch.　　杜鹃花科

形态特征：高 1 ~ 2m；分枝多；枝叶及花梗均密被黄褐色粗伏毛。单叶互生，卵状椭圆形至卵状披针形，长 1.5 ~ 5(7)cm，具细锯齿。花序 2 ~ 4 朵簇生于枝端，玫瑰红、鲜红至暗红色；花期 3 ~ 5 月。
习　　性：喜半荫；生于山坡灌丛或林下。
观赏特征：早春花繁叶茂，绮丽多姿。
园林应用：林下、林缘、溪边、池畔及岩石旁丛植、群植，花径，专类园，建筑物周围荫蔽处。

198 黄杜鹃（羊踯躅，闹羊花）　　*Rhododendron molle* G.Don　　杜鹃花科

形态特征：高达 1.5m；幼枝密被灰白色毛。单叶互生，长圆形至长圆状披针形，长 5 ~ 9cm，边缘有睫毛，两面被毛。总状伞形花序具 5 ~ 12 朵花，黄色或金黄色，径 5 ~ 6cm。花期 3 ~ 5 月。
习　　性：喜半荫；生低山丘陵马尾松林下。植株有毒。
观赏特征：早春花黄色，鲜艳夺目。
园林应用：林下、林缘、溪边、池畔及岩石旁丛植、群植，花径，专类园，建筑物周围荫蔽处。

落叶灌木分种检索表

1. 单叶 ……………………………………… 2
1. 复叶 ……………………………………… 31
　2. 叶互生 ………………………………… 15
　2. 叶对生：
3. 小枝有木栓质翅 ……………… 189卫矛
3. 小枝无木栓质翅：
　4. 花为花序 …………………………… 7
　4. 花单生：
5. 叶粗糙 ………………………… 165蜡梅
5. 叶光滑：
　6. 花腋生 …………………… 192金钟
　6. 花顶生 …………………… 188石榴
7. 花瓣边缘波状皱 ……………… 186紫薇
7. 花瓣边缘不皱：
　8. 花瓣连合 ……………………… 11
　8. 花瓣分离：
9. 球状花序 ……………………… 173八仙花
9. 不为球状花序：
　10. 花黄色 ………………… 167金丝桃
　10. 花白色 ………………… 174溲疏
11. 幼枝、叶背被星状毛 …………… 12
11. 幼枝、叶背光滑无毛 …………… 13
　12. 全为不孕花，不结果 ……… 194木绣球
　12. 花序中央为两性可孕花，边缘为不孕花
　　　　　　　　　　　……… 195琼花
13. 果为蒴果 ……………………… 193丁香
13. 果为核果：
　14. 果紫色 ………………… 191紫珠
　14. 果橙黄色 ……………… 190假连翘
15. 枝三叉分枝 …………………… 187结香
15. 枝不为三叉分枝：
　16. 枝上具环状托叶痕 ……… 164紫玉兰
　16. 枝上不具环状托叶痕：
17. 枝上有刺 ……………………………… 18
17. 枝上无刺 ……………………………… 19

18. 花黄白色 ……………………… 166小檗
18. 花红色 ………………………… 179贴梗海棠
19. 花簇生于老枝、老茎上 ……… 182紫荆
19. 花不簇生于老枝、老茎上：
　20. 嫩叶鲜红色 …………… 171山麻杆
　20. 嫩叶不为红色：
21. 叶掌状裂 ……………………………… 22
21. 叶不裂 ………………………………… 23
　22. 叶掌状3裂 …………… 169木槿
　22. 叶掌状5~7裂 ………… 170木芙蓉
23. 叶缘有锯齿 …………………………… 25
23. 叶缘无锯齿：
　24. 花红色 ………………… 197映山红
　24. 花黄色 ………………… 198黄杜鹃
25. 叶基部三出脉 ………………… 168扁担杆
25. 叶基部羽状脉：
　26. 小枝绿色 ……………… 178棣棠
　26. 小枝不为绿色：
27. 花为花序 ……………………………… 28
27. 花单生或簇生 ………………………… 30
　28. 总状花序 ……………… 196蜡瓣花
　28. 伞形或伞房花序：
29. 花白色 ………………………… 175中华绣线菊
29. 花粉红色 ……………………… 176粉花绣线菊
　30. 叶先端有时3浅裂，短尖 … 180榆叶梅
　30. 叶先端不裂，长尖 ……… 181郁李
31. 一回羽状复叶 ………………………… 32
31. 二回三出复叶 ………………… 172牡丹
　32. 小叶为奇数 …………………… 33
　32. 小叶为偶数 …………………… 34
33. 枝上有刺 ……………………… 177现代月季
33. 枝上无刺 ……………………… 185胡枝子
　34. 小叶2对 ……………… 184锦鸡儿
　34. 小叶3~5对 …………… 183双荚决明

木质藤本

199 薜荔　　Ficus pumila L.　　桑科

形态特征：常绿藤本，长达数十米；含乳汁。叶二型：营养枝生不定根，叶卵状心形，长约2.5cm，薄革质；结果枝无不定根，常攀缘于树上，小枝密被褐色柔毛，叶卵状椭圆形，长6~10cm，全缘，基出脉3，侧脉在下面突起，网脉明显，呈蜂窝状。隐花果梨形或倒卵形，径3～5cm。
习　　性：耐荫；常攀附于树上、残垣或岩石上；耐旱。
观赏特征：叶常绿。
园林应用：攀附山石、墙垣和树干，地被。

200 猕猴桃（中华猕猴桃）　　Actinidia chinensis Planch.　　猕猴桃科

形态特征：落叶藤本，小枝幼时密生灰褐色柔毛，枝上有矩状突出叶痕。单叶互生，近圆形或倒宽卵形，长5～17cm，缘有纤毛状细齿，背面密生灰白色星状绒毛。花数朵簇生，由白色变橙黄色，径3.5～5cm，芳香。浆果椭球形，径约3～5cm，有棕色绒毛，黄褐绿色。
习　　性：喜光，稍耐荫；生山地林缘、疏林、灌丛。
观赏特征：花芳香，果可食；野趣横生。
园林应用：花架、棚架绿化，野趣园。

201 常春油麻藤　　Mucuna sempervirens Hemsl.　　蝶形花科

形态特征：常绿粗大木质藤本，茎长达30m；小枝纤细，淡绿色，光滑无毛。复叶互生，小叶3，长卵形或卵形椭圆形，全缘，长7～15cm，先端尖尾状，两侧小叶基部极不对称。总状花序生老茎上，长达30cm，下垂；花冠深紫色。荚果扁平，木质，密被金黄色粗毛。花期4月。
习　　性：喜光，较耐阴湿；适应性强。
观赏特征：花量多，紫色，老茎生花。
园林应用：棚架、门廊、枯树及岩石绿化，地被。

202 紫藤　　Wisteria sinensis (Sims) Sweet　　蝶形花科

形态特征：落叶缠绕大藤本，茎左旋性，长可达 18～30m。羽状复叶互生，小叶 7～13，卵状长椭圆形，长 4.5～8cm，全缘。总状花序下垂，长 15～30cm，花冠浅紫色，芳香。荚果长条形，密被黄色绒毛。花期 3～4 月。

习　　性：喜光，稍耐荫；较耐干旱、瘠薄和水湿；耐修剪。

观赏特征：花序长而下垂，花量多，浅紫色。

园林应用：棚架、门廊、枯树及岩石绿化，造型。

203 香花崖豆藤　　Millettia dielsiana Harms　　蝶形花科

形态特征：落叶藤本，长 2～6m。奇数羽状复叶互生，小叶 5，长圆形至披针形，长 6～15cm，顶生小叶较大，下面侧脉及网脉突起。圆锥花序顶生，长 15～30cm，花密集下垂，蝶形花冠紫红色，芳香，长 1.5～2cm；花期 6～7 月。

习　　性：耐荫；适应性强；耐干旱瘠薄。

观赏特征：花大，紫红艳丽。

园林应用：棚架、门廊、枯树及岩石绿化，地被。

204 葛藤（葛）　　Pueraria lobata (Willd.) Ohwi　　蝶形花科

形态特征：落叶藤本，全株有黄色长硬毛。复叶具小叶 3，顶生小叶菱形或宽卵形，长 7～15(20)cm，侧生小叶斜宽卵形，较顶生的稍小，两面被毛。总状花序腋生，长 15～30cm；花冠紫色，长 10～12cm。花期 7～9 月。

习　　性：性强健，蔓延力强。常见于山坡及疏林中。

观赏特征：可观花。

园林应用：地被，覆盖护坡、岩石。

205 龙须藤　　*Bauhinia championii* (Benth.) Benth.　　苏木科

形态特征：常绿攀缘藤本，卷须卷曲状。幼枝、幼叶、叶下面均被毛。单叶互生，卵形，长4～12cm，先端锐尖、圆钝或2裂至全叶的1/2～1/3，基出脉5～7条，全缘。总状花序顶生或与叶对生，花冠白色。

习　　性：喜光，较耐阴湿；适应性强，常生林缘、灌丛、溪边石缝中。

观赏特征：花白色。

园林应用：棚架、门廊、枯树及岩石绿化，地被。

206 扶芳藤　　*Euonymus fortunei* (Turcz.) Hand.-Mazz.　　卫矛科

形态特征：常绿藤本，茎匍匐或攀缘，长可达10m；枝密生小瘤状突起，并能随处生细根。单叶对生，椭圆形或长圆状椭圆形，长4～6cm，边缘具浅细锯齿。聚伞花序，花多而紧密成团，绿白色。蒴果近3球形，黄红色，假种皮桔红色。花期6～7月，果期10月。

习　　性：耐荫；多生于林缘、攀树、爬墙或匍匐石上；耐干旱瘠薄。

观赏特征：叶片油绿光亮。

园林应用：墙垣、坡地绿化，造型，地被，与岩石搭配。

变　　种：爬行卫矛 var. *radicans* Rehd. 茎匍匐状，叶较小，长椭圆形，长1.5～3cm，叶缘锯齿尖而明显。嫩叶及秋叶红色。

品　　种：花叶爬行卫矛'Gracilis'（'Variegatus'）叶缘白色、粉色或黄色。

207 金樱子（糖罐子）　　*Rosa laevigata* Michx.　　蔷薇科

形态特征：落叶藤本，长达5m；小枝密生钩刺和刺毛。羽状复叶互生，小叶3，连叶柄长5～10cm，小叶椭圆状卵形、卵形或椭圆形，边缘有细锯齿，两面无毛。花单生于侧枝顶端，白色，径5～9cm，有芳香；花梗及花萼密生刺毛。果倒卵形，橘红色，外面密生刺毛。花期4月，果期10月。

习　　性：喜光；适应性极强，荒坡、半裸露地、荒地、石灰岩灌草丛等地无处不生。

观赏特征：花大美丽，芳香。

园林应用：攀援墙垣、篱栅、枯树、坡地，先锋树种，野趣园。

208 多花蔷薇(蔷薇,野蔷薇) *Rosa multiflora* Thunb.   蔷薇科

形态特征：落叶蔓性灌木，高达3m；枝细长，上升或攀缘状，皮刺常生于托叶下。奇数羽状复叶互生，小叶5～7(9)，倒卵状椭圆形，长1.5～4.5cm，缘具尖锯齿，背面有柔毛。花多朵密集成圆锥状伞房花序，单瓣或半重瓣，白色、粉色、玫瑰红等(品种丰富)，花径2～3cm，芳香。蔷薇果球形，径约6mm，熟时褐红色。花期4～5月，果熟9～10月。

习　　性：喜光；性强健，耐旱，耐水湿；对有毒气体的抗性强。果实可诱鸟。

观赏特征：花极繁茂、艳丽。

园林应用：花架、粉墙、门廊、假山石壁的垂直绿化。

209 爬山虎(爬墙虎,地锦) *Parthenocissus tricuspidata* (Sieb. et Zucc.) Planch.   葡萄科

形态特征：落叶藤本，长达15～20m；借卷须分枝段的黏性吸盘攀缘。单叶互生，广卵形，长10～15(20)cm，通常3裂，缘有粗齿；幼苗或营养枝上的叶常全裂成3小叶。聚伞花序常生于枝顶。浆果球形，蓝黑色。

习　　性：喜阴湿环境，但不怕强光；耐干旱瘠薄，耐修剪；对有毒气体抗性较强。果实可诱鸟。

观赏特征：嫩叶红色，秋叶变红或橙黄色。

园林应用：攀缘墙壁、护坡或岩石。

210 常春藤（洋常春藤） *Hedera helix* L. 五加科

形态特征：常绿藤本，借气生根攀缘；幼枝上被星状柔毛。单叶互生，革质，全缘，营养枝上的叶全缘或3浅裂，花果枝上的叶无裂而为卵状菱形；伞形花序。果球形，黑色。常见叶上具黄、白色斑的栽培品种。

习　　性：性极耐荫；喜温暖湿润气候，要求肥沃湿润而排水良好的壤土。

观赏特征：栽培品种较多，叶绿，叶面黄色或白色。

园林应用：攀缘假山、岩石、坡地，荫蔽处作地被。

211 络石（万字茉莉） *Trachelospermum jasminoides* (Lindl.)Lem. 夹竹桃科

形态特征：常绿藤本，借气生根攀缘，长达10m；有乳汁。单叶对生，椭圆形、卵状椭圆形或倒卵形，长3~8cm，全缘，背面有柔毛。聚伞花序排成圆锥状，花冠白色，高脚碟状，径约2.5cm，芳香，5裂片开展并向右扭旋，形如风车。花期5~7月。

习　　性：喜光，且耐荫；常生于林间树干上、阴石上、墙壁上；抗干旱；也抗海潮风。

观赏特征：叶色浓绿，花形奇特且芳香。

园林应用：攀缘枯树、假山、墙垣、地被。

品　　种：花叶络石'Variegatum'叶杂色，有淡绿色、白色、淡红色。

212 凌霄　　　　　　　　　　　　　　Campsis grandiflora (Thunb.) Loisel.　　　紫葳科

形态特征：落叶藤本，长达9m；借气生根攀缘。羽状复叶对生，小叶7～9，长卵形至卵状披针形，缘有粗齿，两面无毛。顶生聚伞花序或圆锥花序，花冠唇状漏斗形，红色或桔红色。花期6～9月。
习　　性：喜光稍耐荫；耐旱。
观赏特征：花大色艳，花期极长。
园林应用：棚架、花架、门廊、墙垣、枯树、岩石绿化。

213 金银花（忍冬）　　　　　　　　Lonicera japonica Thunb.　　　　　忍冬科

形态特征：半常绿缠绕藤本，长可达9m；枝细长中空，有柔毛。单叶对生，卵形或椭圆形，长3～8cm，全缘，两面具柔毛，老后光滑。花成对腋生，苞片叶状；花冠二唇形，长3～4cm，初开为白色，后转黄色，芳香。浆果球形，黑色。花期5～7月，8～10月果熟。
习　　性：喜光，且耐荫；耐旱及水湿；性强健。
观赏特征：冬叶微红，花先白后黄，富有清香。
园林应用：棚架、花架、门廊、枯树、篱垣、岩石绿化，地被。

木质藤本分种检索表

1. 单叶 …………………………………………… 8
1. 复叶：
　　2. 叶对生 ……………………………… 212凌霄
　　2. 叶互生：
3. 托叶下具刺 ……………………………………… 7
3. 托叶下无刺：
　　4. 叶两面被毛 …………………………… 204葛藤
　　4. 叶两面光滑无毛：
5. 小叶7～13枚 ………………………………… 202紫藤
5. 小叶3～5枚：
　　6. 小叶3枚，侧生小叶极偏斜，花冠长约6.5cm
　　　　………………………………… 201常春油麻藤
　　6. 小叶5枚，侧生小叶不偏斜，花冠长约1.5～2cm
　　　　………………………………… 203香花崖豆藤
7. 小叶3枚 ……………………………… 207金樱子
7. 小叶5～9枚 ………………………… 208多花蔷薇
　　8. 枝叶无乳汁 ………………………………… 10
　　8. 枝叶具乳汁：
9. 叶对生 ………………………………… 211络石
9. 叶互生 ………………………………… 199薜荔
　　10. 叶对生 ………………………………… 13
　　10. 叶互生：
11. 叶背密生绒毛 ………………………… 200猕猴桃
11. 叶两面光滑无毛：
　　12. 叶通常3裂 …………………………… 209爬墙虎
　　12. 叶通常2裂或不裂 …………………… 205龙须藤
13. 叶两面具柔毛 ………………………… 213金银花
13. 叶两面光滑无毛：
　　14. 叶不裂，椭圆形 …………………… 206扶芳藤
　　14. 叶3～5裂或不裂，菱形 …………… 210常春藤

竹 类

214 毛竹（楠竹）　　*Phyllostachys pubescens* Mazel ex H.de Lehaie　　禾本科

形态特征：高大乔木状，秆散生；高 10～25m，径 12～20cm，中部节间可长达 40cm；每节有 2 分枝。叶较小，长 5～10cm，每小枝具叶 2～3 片。箨鞘厚，密生褐色毛，并有褐色斑。冬季和春季出笋二次。

习　　性：喜光；不耐干旱，忌积水；喜肥；抗污染、耐酸雨能力强。

观赏特征：竹赏一个"清"字（"日出有清荫，月照有清影，风来有清声，雨来有清韵，露凝有清光，雪停有清趣"），在赏竹、观笋、听竹涛时，竹所产生的内蕴和意境以及雨后春笋破土断石，一夜千尺拂青云，一节复一节，吐水凝烟雾成雨，蒸蒸日上，生机勃勃，而具有强大生命力的自然景观生境美、意境美，使人产生微妙而深远的意想，回味无穷；"宁可食无肉，不可居无竹。无肉令人瘦，无竹使人俗"则是另一种高尚境界。

园林应用：风景林，竹林。

品　　种：龟甲竹'Heterocycla'秆较矮小，下部节间短而肿胀，交错成斜面。

215 紫竹　　*Phyllostachys nigra* (Lodd.) Munro　　禾本科

形态特征：秆散生；高 3～5(10)m，径 2～4cm，中部节间长 25～30cm；新秆绿色，老秆紫黑色；每节有 2 分枝。每小枝有叶 2～3 片，叶片长 6～10cm，质地较薄。箨鞘淡玫瑰紫色，背部密生毛。笋期 4～5 月。

习　　性：喜光；耐寒性强，适应性较强；稍耐水湿。

观赏特征：秆紫黑，叶翠绿。"……二年色乃变，三年而紫"。

园林应用：庭园、建筑物周围、角隅、假山石旁、园路边、水边配植。

216 佛肚竹　　*Bambusa ventricosa* McClure　　禾本科

形态特征：秆丛生；通常株高 2.5～5m，径 1.2～5.5cm；每节有枝条多数。秆有两种：正常秆高，节间长，圆筒形；畸形秆矮而粗，节间短，下部节间膨大呈瓶状。秆每节分枝 1～3 枚，小枝具叶 7～13 片，叶片卵状披针形至长圆状披针形，长 12～21cm，背具微毛。
习　　性：喜光；不耐旱，也不耐寒。
观赏特征：节间膨大，状如佛肚，形状奇特。
园林应用：角隅、庭院、窗外、路边、石旁丛植。

217 黄金间碧玉　　*Bambusa vulgaris* Schrad. var. *striata* Gamble　　禾本科

形态特征：秆丛生；高 6～15m，径 4～6cm，每节有枝条多数；茎秆鲜黄色，间以绿色纵条纹。叶披针形或线状披针形，长 9～22cm，两面无毛。箨鞘草黄色，具细条纹。
习　　性：喜温暖湿润气候。
观赏特征：茎秆黄绿相间。
园林应用：角隅、庭院、窗外、路边、石旁丛植。

218 孝顺竹　　*Bambusa glaucescens* (Willd.) Sieb.ex Munro　　禾本科

形态特征：秆丛生；高 2～7m，径 1～3cm；每节有枝条多数，绿色，老时变黄色。每小枝有叶 5～9 枚，排成 2 列状；叶条状披针形，长 4～14cm，无叶柄。
习　　性：喜光；常在湖边、河岸栽植。
观赏特征：植丛秀美。
园林应用：庭园、窗外、角隅孤植、围墙、水边丛植、列植。
品　　种：凤尾竹'Fernleaf'高 1～2m，枝叶稠密、纤细而下弯，每小枝有叶 10 余枚，羽状排列，叶片长 2～5cm。

219 青皮竹　　*Bambusa textilis* McClure　　禾本科

形态特征：秆丛生；高 6～10m，每节有枝条多数，顶端弓形下垂，节间长 40～60cm，中部常有白粉及刚毛；分枝节高。叶片长 11～24cm。秋季发笋。
习　　性：喜光；鸟类常在上栖息。
观赏特征：植丛秀美。
园林应用：列植、群植。

220 阔叶箬竹　　*Indocalamus latifolius* (Keng) McClure　　禾本科

形态特征：秆丛生；高 1～1.5m，径 5～8mm，中部节间长 12～25cm。小枝顶端具叶 1～3 片，叶片长圆形，长 10～30(40)cm，宽 2～5(8)cm。
习　　性：喜光；多生于低山、丘陵向阳山坡和河岸。
观赏特征：植株低矮，竹叶宽大。
园林应用：角隅、庭院、窗外、路边、水边、石旁丛植。

一、二年生花卉

221 一串红（墙下红，爆竹红） *Salvia splendens* Ker-Gawl.   唇形科

形态特征：多年生亚灌木做一年生栽培，高 15～80cm。茎光滑有四棱。叶对生，卵形，叶缘齿状锯齿。顶生总状花序，苞片萼钟状，宿存，与花冠同色，花冠唇形筒状伸出萼外。花色有鲜红色、白色、紫色、粉红色；花期 7～10 月。
习　　性：喜光，耐半荫；喜疏松肥沃湿润土壤。
观赏特征：花色艳丽，观赏期长。
园林应用：花坛，花境，花丛，花带，花台；盆栽。
同属常见种：**红花鼠尾草** *S. coccinea* L. 又名朱唇，全株有毛，花冠鲜红色，下唇长为上唇的 2 倍，花期 7～8 月。

222 彩叶草（锦紫苏，洋紫苏） *Coleus blumei* Benth.   唇形科

形态特征：多年生常绿草本作一年生栽培，高 50～80cm。茎直立少分枝，四棱形。叶对生，菱状卵形，有粗锯齿，两面有软毛，具多种色彩，且富有变化。顶生总状花序，花小，淡紫色或蓝色。花期夏、秋。
习　　性：喜光，忌强光直射；喜温暖及湿润的环境。
观赏特征：叶色鲜艳多变，观赏期长，栽培品种多。
园林应用：花坛，花境；盆栽。

223 美女樱（美人樱，四季绣球） *Verbena hybrida* Voss　　　马鞭草科

形态特征：多年生草本作一、二年生栽培，高 30～40cm。茎四棱，半蔓生性，常呈匍匐状，有毛。叶对生，长圆形，边缘有不规则钝锯齿。聚伞花序顶生或腋生，有蓝、紫、红、白、粉等色。花期 6～9 月。
习　　性：喜光；适宜肥沃而湿润的土壤，不耐干旱。
观赏特征：花序繁多，花色丰富而秀丽。
园林应用：花坛，花带，花丛，地被。
同属常见种：细叶美女樱 *V. tenera* Spreng 株高 20～30cm，基部木质化，茎丛生倾卧，枝条细长；叶二回羽状深裂；花蓝紫色；管理粗放。

224 矮牵牛（草牡丹，碧冬茄） *Petunia hybrida* Vilm.　　　茄科

形态特征：一年生或多年生草本，高 10～40cm。全株被腺毛，匍匐状。叶片卵形互生，嫩叶略对生，全缘，几无柄。花单生叶腋或顶生，花萼五裂，花冠漏斗状，先端波状浅裂，白色或紫色，花径 5～8cm。花期 5～10 月。栽培品种极多，花型有单瓣、重瓣、皱瓣等品种；花大小不同，有巨大轮(9～13cm)、大轮(7～8cm)和多花型小轮(5cm)；株型有高(40cm 以上)、中(20～30cm)、矮丛(低矮多分枝)、垂枝型；花色有白、粉、红、紫、堇至近黑色以及各种斑纹。
习　　性：喜向阳和排水良好的沙质土壤，忌高温高湿，干热季节开花繁茂。
观赏特征：花大色艳，花期长，有"花坛植物之王"之称。
园林应用：花坛，花带；盆栽。

225 五色椒（观赏椒，朝天椒）　*Capsicum frutescens* L. var.*cerasiforme* Bailey　茄科

形态特征：多年生亚灌木作一年生栽培，高30～60cm。株形、叶、花、果皆比普通辣椒略小，茎直立，多分枝，常呈半木质化。单叶互生，卵状披针形或矩圆形，全缘，叶面具光泽。花单生叶腋或簇生枝梢顶端，白色，形小。浆果直立，有指形、圆形或球形。花期6～7月，果期8～10月。

习　　性：喜阳光充足、温暖干燥的环境。

观赏特征：同一株上呈现出白、黄、橙、浅红、深红等不同颜色、不同光泽的辣椒，绚丽多彩，富有趣味。

园林应用：花坛，花境；盆栽。

226 石竹（中华石竹，洛阳花）　*Dianthus chinensis* L.　石竹科

形态特征：多年生草本作二年生栽培，高15～75cm。茎直立，节处膨大，无分枝或顶部有分枝。单叶对生，灰绿，基部抱茎。花芳香，单生或2～3朵簇生，径3cm，苞片4～6枚，萼筒上有条纹；花瓣5枚，先端有齿裂。花期5～9月。

习　　性：喜光；宜高燥、通风、凉爽环境，适于偏碱性土壤；耐干旱瘠薄。

观赏特征：花朵繁茂，花色艳丽，花期长；叶似竹，柔中有刚，花茎挺拔。

园林应用：花坛，花境，镶边布置，岩石园；盆栽。

同属常见种：1. 须苞石竹 *D.barbatus* L. 头状聚伞花序，多花，苞片先端须状，花瓣上有环纹斑点。

2. 常夏石竹 *D.plumarius* L. 茎叶有白粉，花2～3朵顶生，径2.5cm，芳香浓郁，花色丰富，有半重瓣、重瓣及高型品种。

3. 少女石竹 *D. deltoides* L. 植株低矮匍匐，叶小而短，灰绿色，花单生茎顶，径1.8cm，具长梗，有须毛，喉部常有"—""V"形斑，花色丰富，具芳香。

227 翠菊（江西腊，蓝菊，七月菊） *Callistephus chinensis* (L.) Nees　　菊科

形态特征：一年生草本，高 20～90cm。茎直立，上部分枝多，具白色糙毛。叶互生，基部叶有柄，上部叶无柄，卵形至长卵形，叶缘具不规则粗锯齿。头状花序单生枝顶，花径 5～15cm，管状花黄色，舌状花蓝、紫色；有全部为舌状而呈重瓣，或舌状花呈管状者。春播花期 7～10 月，秋播花期 5～6 月。品种丰富，株型有直立型、半直立型、分枝型和散枝型；株高有矮、中、高型；花色有白、粉、桃红等，深浅不一；花型有平瓣类和卷瓣类。

习　　性：喜光，稍耐荫；喜凉爽，忌酷暑，炎热夏季多不开花；喜肥沃、湿润、排水良好的砂质土壤，忌涝。

观赏特征：翠菊品种多，花期长，花色鲜艳，花型多变。

园林应用：花坛，花境；盆栽。

228 万寿菊（臭芙蓉） *Tagetes erecta* L.　　菊科

形态特征：一年生草本，高 20～90cm。茎粗壮直立，绿色或有棕褐色晕。叶对生，羽状全裂，裂片披针形，有油腺点，具臭味。头状花序顶生，花径 5～13cm；舌状花具长爪，边缘皱曲，花序梗上部膨大，花梗中空，花色为黄、橙黄、橙色。栽培品种极多，有单瓣和重瓣；有矮生型（22～25cm）、中生型（40～45cm）、高生型（75～90cm）。花期 6～10 月。

习　　性：喜光，耐半荫；较耐干旱，多湿与酷暑下生长不良。

观赏特征：花大色艳，花期长。

园林应用：花坛，花境，林缘群植；盆栽。

同属常见种：**孔雀草** *T. patula* L. 别名红黄草，高 20～40cm，茎多分枝，细长而晕紫色，舌状花黄色，基部具紫斑。

万寿菊

孔雀草

229 百日草（百日菊，对叶梅） *Zinnia elegans* Jacq. 菊科

形态特征：一年生草本，高 30～90cm。茎直立而粗壮。叶对生，无柄，基部抱茎。头状花序顶生，花径 4～10cm；有单瓣和重瓣品种，花色丰富，有红、橙、黄、白等色。花期 6～10 月。

习　　性：喜光；较耐干旱与瘠薄；忌酷暑。

观赏特征：花色繁多而艳丽，花期长。

园林应用：花坛，花境，花带，花丛；盆栽。

230 波斯菊（秋英，大波斯菊） *Cosmos bipinnatus* Cav. 菊科

形态特征：一年生草本，株高 60～100cm。叶对生，二回羽状全裂，裂片稀疏，线型，全缘。头状花序有长总梗，顶生或腋生，径 6cm 左右，舌状花先端有齿，白、淡红、黄、红紫色等。花期 7～10 月。

习　　性：喜光；耐干旱瘠薄。

观赏特征：花色丰富亮丽，花叶质感细腻雅致，花期长，颇有野趣。

园林应用：花境，路边、草坪边缘、树丛周围及路旁群植。

231 雏菊（延命菊，春菊） *Bellis perennis* L. 菊科

形态特征：多年生草本作二年生栽培，高 10～20cm。茎叶光滑或具短茸毛。叶基部簇生，长匙形或倒卵形，边缘具皱齿。头状花序单生于茎顶，高出叶面，花径 3.5～8cm，舌状花一轮或多轮，有白、粉、蓝、红、粉红、深红、紫色等，中央管状花黄色。栽培品种花大，重瓣或半重瓣，有些舌状花呈管状，上卷或反卷。花期 2～5 月。

习　　性：喜冷凉、湿润和阳光充足的环境。

观赏特征：植株矮小整齐，花期较长，色彩丰富。

园林应用：花坛，花带，岩石园；盆栽。

232 金盏菊（金盏花，长生菊） *Calendula officinalis* L. 菊科

形态特征：多年生草本作二年生栽培，高30～60cm。全株被毛。叶互生，长圆形至长圆状倒卵形，全缘，基部抱茎。头状花序单生，花径5～10cm，舌状花有黄、橙、橙红、白等色；有重瓣、卷瓣和绿心、深紫色花心等栽培品种。花期2～5月。

习　　性：喜阳光充足的凉爽环境；耐干旱瘠薄。

观赏特征：植株矮生，花朵密集，花色鲜艳，花期长。

园林应用：花坛，花池；盆栽。

233 三色堇（蝴蝶花，猫脸花） *Viola tricolor* L. 堇菜科

形态特征：多年生草本作二年生栽培，高10～25cm。茎直立光滑，多分枝。叶互生，基生叶圆心脏形，茎生叶较长，叶基部羽状深裂。花大，径约5cm，顶生或腋生，挺立于叶丛之上；花冠呈蝴蝶状，花瓣5枚，花色有黄、白、紫三色。现代培育的三色堇花色及其丰富，有"无眼无鼻"的纯色猫脸品种，还有复色品种。花期3～5月。

习　　性：喜光，耐半荫；忌高温多湿；性喜肥沃排水良好土壤。

观赏特征："花中谁似猫，唯有三色堇"。株型低矮，花色浓艳而丰富，花型美而富有趣味，有光泽。

园林应用：花坛，花境，花池，岩石园，野趣园，镶边材料；花钵。

234 半支莲（龙须牡丹，太阳花，松叶牡丹） *Portulaca grandiflora* Hook.　　马齿苋科

形态特征：一年生肉质草本，高 20～30cm。茎下垂或匍匐生长。叶互生，圆柱形，有时成对或簇生。花单生或簇生枝顶，花径 3cm 以上，花色有白、粉、红、黄、橙等，深浅不一或具斑纹。花期 6～10 月。

习　　性：喜光；耐干旱瘠薄。花仅于阳光下开放，阴天关闭。

观赏特征：花色繁多而鲜艳。

园林应用：花坛，花境，花径，岩石园，花池，镶边材料；盆栽。

235 凤仙花（指甲花，金凤花） *Impatiens balsamina* L.　　凤仙花科

形态特征：一年生草本，高 20～80cm。茎直立，肥厚多汁，光滑，多分枝，浅绿或有红褐色斑。叶互生，狭至阔披针形，叶缘有锯齿，柄两侧具腺体。花单朵或数朵，具短柄，着生于上部密集叶腋，两侧对称，花色有紫红、朱红、玫瑰红、雪青、白色和杂色等，有时瓣上具条纹或斑点。园艺品种很多，有不同株型、株高、花色、花型。花期 6～9 月。

习　　性：喜光，耐炎热；喜微酸性土壤，不耐干旱。

观赏特征：花色丰富，花瓣可染指甲。

园林应用：花坛，花境；盆栽。

236 鸡冠花（鸡冠）　　　*Celosia cristata* Linn　　　苋科

形态特征：一年生草本，高 20～150cm。茎直立粗壮，通常有分枝或茎枝愈合为一。叶互生，有叶柄，长卵形或卵状披针形，全缘或有缺刻。肉穗状花序顶生，呈扇形、肾形、扁球形等，花细小不显著，整个花序有深红、橙黄、鲜红、金黄等色，且花色与叶色有相关性，花序上部退化成丝状，中下部呈干膜质状。花期 6～10 月。

习　　性：喜高温、全光照且空气干燥的环境，较耐旱。

观赏特征：花色艳丽，花型奇特，似鸡冠或火焰，花期长。

园林应用：花坛，花境，花丛；盆栽，干花材料。

237 雁来红（三色苋，老来少）　　　*Amaranthus tricolor* L.　　　苋科

形态特征：一年生草本，高 80～150cm。茎光滑直立，少有分枝。叶互生，具长柄，卵圆形至卵圆状披针形，叶片基部常暗紫色，顶部叶片中下部或全叶变为鲜红、浅黄、橙黄等色彩。穗状花序集生于叶腋，花小，绿色。花期 7～10 月。

习　　性：喜阳光充足、湿润的环境，耐旱、耐碱，不耐寒。

观赏特征：叶色彩艳丽，常在秋季大雁南飞时叶色变化（因此而名）。

园林应用：丛植，花境。

同属常见种：**老枪谷** *A.caudatus* L. 茎粗壮，高 1～1.5m，穗状花序特长，暗红色，细而下垂。

238 五色苋（模样苋，五色草）　　Alternanthera bettzickiana Nichols　　苋科

形态特征：多年生草本作一年生栽培，株高 15～40cm。茎直立或斜出。叶对生，全缘，匙形或披针形，具黄斑或褐色斑。花小，叶腋簇生成球，白色。
习　　　性：喜光；分枝性强，耐修剪。
观赏特征：植株低矮，枝叶密集。
园林应用：毛毡花坛，立体花坛，花境边缘及岩石园点缀。
同属常见种：小叶红 A. amoena Voss 植株极矮，叶窄，深红色，或有橙色斑点。

239 千日红（火球，千日草）　　Gomphrena globosa L.　　苋科

形态特征：一年生草本，高 40～60cm。全株被细毛。叶对生，椭圆形至倒卵形。头状花序圆球形，常 1～3 个簇生于长总梗端；花小而密生，每花小苞片 2 枚，膜质发亮，紫红色；栽培类型还有红色、粉色和白色。苞片干后不落，且色泽不褪。花期 5～10 月。
习　　　性：喜光及炎热干燥气候。
观赏特征：膜质苞片干而不凋，色彩鲜艳亮丽。
园林应用：花坛，花境；干花材料。

240 牵牛（喇叭花） *Pharbitis nil* Choisy 旋花科

形态特征：一年生缠绕性草本，茎左旋，全株被粗毛。叶互生，有长柄，叶片常具不规则白绿色条纹，叶身呈三裂，中央裂片特大。花腋生，花梗短于叶柄，萼片狭长但不开展，花冠漏斗状喇叭形，花直径 10～20cm，边缘常呈皱褶或波浪状。园艺品种众多，有平瓣、皱瓣、裂瓣、重瓣等类型，花色丰富，有白、红、蓝、紫、粉、玫瑰红及复色品种。花期 6～10 月。

习　　性：喜光；耐干旱瘠薄。

观赏特征：花大色艳，花色多变；花朵通常清晨开放，不到中午即行萎缩。

园林应用：棚架、篱笆、墙垣绿化，地被。

同属常见种：1. 圆叶牵牛 *P. purpurea* Lam. 叶广卵形；花 1～5 朵腋生，径 5～6cm，蓝紫色，筒部白色带紫晕。
　　　　　2. 裂叶牵牛 *P. hederacea* Jacq. 叶片三裂，裂片大小相当；花 1～3 朵叶腋簇生，花色由蓝紫变紫红色。

241 茑萝（羽叶茑萝，游龙草） *Quamoclit pennata* Bojer 旋花科

形态特征：一年生缠绕性草本，茎细长，光滑。叶互生，羽状细裂，长 4～7cm。聚伞花序腋生，花冠呈高脚碟状，筒细长，先端呈五角星状，红色、白色及粉红色。花期 6～10 月。

习　　性：喜阳光充足、温暖气候和疏松肥沃土壤。

观赏特征：枝叶纤细、翠绿，点缀红色小花，十分别致。

园林应用：篱垣、花墙、小型棚架绿化，地被。

242 羽衣甘蓝(叶牡丹,牡丹菜,花菜) *Brassica oleracea* var. *acephala* f. *tricolor* Hort.　十字花科

形态特征：二年生草本，高 30～60cm。叶平滑无毛，呈宽大匙形，且被有白粉，外部叶片呈粉蓝绿色，边缘呈细波状皱褶，内叶的叶色极为丰富，通常有白、粉红、紫红、乳黄、黄绿等；叶柄较粗壮，且有翼。总状花序，花葶较长，有时可达 160cm。花期 4 月。

习　　性：喜光；极喜肥。

观赏特征：叶色丰富而鲜艳，似开花效果，观赏期长。

园林应用：花坛，花境；盆栽。

243 二月兰(诸葛菜) *Orychophragmus violaceus* (L.) O.E.Schulz　十字花科

形态特征：一二年生草本，高 10～50cm，有粉霜。叶无柄，基部有叶耳，抱茎，基生叶琴状羽裂，茎生叶肾形或三角状卵形，边缘有波状锯齿。疏总状花序顶生，蓝紫色；花期 2～5 月。

习　　性：喜光，且耐荫；适应性强，能自播繁衍。

观赏特征：开花时花量大，成片效果好，富有野趣。

园林应用：宜在林下、林缘、坡地作地被，岩石园。

244 蜀葵(蜀季花，一丈红) *Althaea rosea* Cav.　锦葵科

形态特征：多年生宿根草本作一年生栽培，高 2～3m。植株直立，不分枝，枝、叶被毛。叶大，近圆或心形，5～7 掌状浅裂，表面凹凸不平、粗糙，具长柄。花单生叶腋，由下向上逐渐开放，有白、黄、粉、红、紫、黑紫及复色，单瓣或重瓣。花期 5～9 月。

习　　性：喜光，稍耐荫；喜凉爽气候，忌炎热与霜冻。

观赏特征：叶大花繁，花色丰富。

园林应用：花境，基础种植，于围墙边、林缘群植。

245 红茛菜（红叶茛菜，红甜菜） *Beta vulgaris* L.var.*cicla* L. 藜科

形态特征：二年生草本，高 30～60cm。叶丛生根颈，长圆状卵形，全缘，肥厚，有光泽，暗紫红色。花小，绿色，花期 6～7 月。
习　　性：喜光，稍耐荫，喜肥。
观赏特征：叶片整齐，红色美观。
园林应用：花坛，花境；盆栽。

246 扫帚草（地肤） *Kochia scoparia* Schrad. 藜科

形态特征：一年生草本，高 100～150cm。全株被短柔毛，多分枝，株形密集呈卵圆至圆球形。叶线型，细密，草绿色，秋凉变暗红。花小，不显著，单生或簇生叶腋。
习　　性：喜光，极耐炎热气候；耐干旱瘠薄。
观赏特征：叶色嫩绿，株形圆球状。
园林应用：花境，花坛中心或镶边。

247 紫茉莉（小地雷，草茉莉，胭脂花） *Mirabilis jalapa* L. 紫茉莉科

形态特征：多年生草本作一年生栽培，高约 50～100cm。茎多分枝而开展，近光滑，具明显膨大的节部。单叶对生，三角状卵形或心形。花数朵集生枝端，总苞萼状，宿存，花萼花瓣状，喇叭形，缘有波状 5 浅裂，筒长 4～6.5cm，红、橙、黄、白、粉等色或有条纹、斑点或两色相间，芳香。花期夏秋。
习　　性：喜光，稍耐荫；好土层深厚、肥沃之地。能自播繁衍。
观赏特征：花朵傍晚至清晨开放，烈日下闭合，黄昏散发浓香。
园林应用：花境，林缘、绿篱及建筑物周围丛植点缀。

248 醉蝶花（西洋白花菜，凤蝶草） *Cleome spinosa* L. — 白花菜科

形态特征：一年生草本，高可达100cm。全株具粘毛，有浓烈异臭。掌状复叶互生。花多数，花萼与花瓣各4片，有长爪，初开为白粉色，后转红紫色。花期夏秋。

习　　性：喜光，耐半荫；较耐干旱。蜜源植物。

观赏特征：花姿酷似蝴蝶飞舞，优美而别致。

园林应用：大型花坛，花境；盆栽。

249 金鱼草（龙口花，龙头花） *Antirrhinum majus* L. — 玄参科

形态特征：多年生草本作二年生栽培，高20～90cm。茎部木质化，微有绒毛。叶对生或上部互生，叶片披针形至阔披针形，全缘，光滑。花序总状，萼5裂；花冠筒状唇形，外被绒毛，基部膨大成囊状，上唇直立，2裂，下唇3裂，开展；有粉、红、紫、黄、白或具复色；蒴果。花期5～7月。

习　　性：喜光，稍耐半荫；在凉爽环境生长健壮。

观赏特征：花色多且鲜艳。

园林应用：花坛，花境，岩石园；切花。

250 夏堇（花公草，蝴蝶草，蓝猪耳） *Torenia fournieri*.Linden — 玄参科

形态特征：一年生草本，高20～30cm。低矮而易于分歧，茎细小、光滑、四棱形。叶对生，卵形而先端尖，叶缘有细锯齿。花朵自叶腋对生，亦有顶生，花型酷似金鱼草，由上侧2片淡紫色花瓣及下侧3片深紫色花瓣组成，花瓣喉部有彩色斑点；花色多，有蓝、蓝紫、红紫、桃花等。花期4～9月。

习　　性：喜光，耐半荫，耐热，适应性较强。

观赏特征：花朵姿态优美奇特，幽雅柔媚，色彩亮丽；花期长。

园林应用：花坛，花境，花台；盆栽。

多年生花卉

251 菊花（秋菊，黄花） *Dendranthema* × *grandiflora* 菊科

形态特征：多年生宿根草本，高 30～150cm。茎基部半木质化，茎青绿色至紫褐色，被柔毛。叶互生，有柄，叶形大，卵形至广披针形，具较大锯齿或缺刻。头状花序单生或数朵聚生枝顶，花瓣有平、管、匙形，花型多样，花色变化丰富。自然花期：春菊：4 月下旬至 5 月下旬；夏菊：5 月下旬至 7 月；秋菊：10 月中旬至 11 月下旬；寒菊：12 月上旬至翌年 1 月。

习　　性：喜光；喜凉爽气候；不耐涝，忌连作。

观赏特征：菊花艳丽多姿，傲霜而放，意境深厚，是中国传统十大名花之一。

园林应用：盆栽，盆景；切花。

252 大花金鸡菊（剑叶波斯菊） *Coreopsis grandiflora* Hogg. 菊科

形态特征：多年生宿根草本，株高 30～90cm。基生叶长圆匙形或披针形，茎生叶 3～5 裂。头状花序具长梗，径 6～7cm，舌状花宽舌状，通常 8 枚，黄色，长 1～2.5cm，端 3～4 裂，管状花黄色。花期夏秋。

习　　性：喜光；适应性强，栽培管理简易，能自播繁衍。

观赏特征：花色鲜艳，富有野趣。

园林应用：花坛，花境，或丛植于山石之间；切花。

253 黑心菊　　　*Rudbeckia hybrida* Hort.　　　菊科

形态特征：多年生宿根草本，高约 1m。全株有粗糙硬毛。叶互生，阔披针形，无柄，基生叶 3～5 浅裂，具粗齿。头状花序，径 10～20cm，舌状花单轮，黄色，管状花深褐色，半球形。花期 5～10 月。
习　　性：喜光；耐旱，适应性强，能自播繁衍。
观赏特征：枝叶繁茂，花大色艳。
园林应用：花坛，花境，丛植、群植于建筑物周围、林缘、篱旁；切花。

254 大丽花（大理菊，大丽菊）　　　*Dahlia hybrida* Cav.　　　菊科

形态特征：多年生草本，高 50～200cm。全株光滑。叶对生，1～3 回羽状深裂，边缘具粗钝锯齿。头状花序顶生，水平开展或有时下垂，径 6～12cm，具总长梗，白、红、黄、橙、紫等色。花期夏秋。
习　　性：喜光；不耐旱，怕涝。
观赏特征：植株粗壮，叶片肥满；花姿多变，色泽艳丽。
园林应用：花坛，花境；盆栽，切花。

255 芍药（将离，殿春花）　　　*Paeonia lactiflora* Pall.　　　芍药科

形态特征：多年生宿根草本，具肉质根。茎丛生，高 50～100cm。基部及顶端为单叶，其余为 2～3 回羽状复叶，小叶深裂成阔披针形，叶脉带红色。花单生于茎顶，花梗长，花色有白、黄、紫、粉、红等色，少有淡绿色，花形变化多，有单瓣、重瓣之分。花期 4～5 月。
习　　性：喜光；喜冷凉气候及深厚肥沃砂壤土。
观赏特征：中国传统名花，花大色艳，花型丰富，可与牡丹媲美，被尊称为"花中之相"。
园林应用：专类园，花境，花台，群植；切花。

256 冷水花（透明草，花叶荨麻，冰凌花） *Pilea.cadierei* Gagnep. et Guill　　荨麻科

形态特征：多年生草本，茎绿色。叶对生，有短柄，椭圆形至卵圆形，先端尖，叶缘有浅齿，叶面银白色间杂深绿色脉纹，有光泽。小花白色。
习　　性：喜温暖潮湿的半荫环境，忌烈日；喜疏松排水良好、富含腐殖质的土壤。
观赏特征：叶脉间银白色的斑块，异常俏丽。
园林应用：林下、建筑物荫蔽处地被；盆栽。

257 白车轴草（白三叶草） *Trifolium repens* L.　　蝶形花科

形态特征：多年生草本，高 20～40cm。匍匐茎，节部易生不定根。三小叶互生，小叶倒卵形至心形，边缘具细锯齿，叶面中部有"V"形白斑。花多数，密集成头状或球状花序，花冠白色或淡红色。可观叶 180 天，观花 120 天。
习　　性：喜光，耐荫，耐干旱瘠薄，耐践踏，适于修剪。
观赏特征：花叶均美，绿色期长。
园林应用：地被。
同属常见种：红花车轴草 *T. pretense* L. 高 25～35cm，多分枝，呈丛生状，三小叶掌状着生，头状花序腋生，花暗红或紫色，花期 5～7 月。

258 过路黄（走游草，大叶金钱草） *Lysimachia christinae* Hance　　报春花科

形态特征：多年生草本植物，高 10～30cm。茎柔软，平卧延伸。叶对生，卵圆形、近圆形或肾圆形，先端锐尖或圆钝，基部截形至浅心形，透光可见密布的透明腺条。花单生叶腋，黄色。花期 3～7 月。
习　　性：喜光，且耐荫；适应性较强。
观赏特征：叶色翠绿，小花金黄；覆盖地面能力强。
园林应用：地被。
品　　种：金叶过路黄'Aurea'叶黄绿色。

259 四季秋海棠（洋海棠）　　*Begonia semperflorens* Link et Otto　　秋海棠科

形态特征：多年生常绿草本，高 15～45cm。茎直立，肉质，光滑；叶互生，有光泽，卵圆形至广卵形，边缘有锯齿，叶基部歪斜；绿色、古铜色或深红色。聚伞花序腋生，花单性，雌雄同株，花色红、粉红及白，单瓣或重瓣。在适宜温度下，可四季开花。

习　　性：喜半荫；不耐干燥，忌积水。

观赏特征：叶色翠绿或深红；花期长，花色多而艳丽。

园林应用：花坛，花丛，花台；盆栽。

260 长春花（五瓣莲，日日草）　　*Catharanthus roseus* (L.) G. Don　　夹竹桃科

形态特征：常绿直立亚灌木，株高 30～60cm。茎直立，多分枝。叶对生，长椭圆形至倒卵形，先端钝圆，基部狭窄，叶柄短，全缘，两面光滑无毛，主脉白色明显。花腋生，花冠高脚碟状，具 5 裂片，平展，花径 3～4cm，白色、粉红、紫红色。花期 5～10 月。

习　　性：喜光，耐半荫；忌水涝。

观赏特征：花期长，开花繁茂；叶色有光泽。

园林应用：花坛，花境，花台；盆栽。

261 马蹄筋（马蹄金，金钱草） *Dichondra repens* Forst. 旋花科

形态特征：多年生草本，高 10～20cm。茎细长，节上着地生根，全株被灰色细毛。叶互生，具长叶柄，叶片呈马蹄形，全缘，基部凹入。腋生钟形小花，花单生，花冠淡黄色，五裂，萼钟形，密生绒毛，较花冠长。果实球形，熟呈红色。花期春季。
习　　性：喜光，且耐荫，耐践踏。
观赏特征：株丛紧密，叶色翠绿。
园林应用：地被，花池（台），固土护坡。

262 虎耳草（金丝荷叶，耳朵红，老虎草） *Saxifraga stolonifera* Cutt. 虎耳草科

形态特征：多年生常绿草本，高 20～40cm。全株有毛，匍匐茎细长，红紫色，先端着地长出新株。叶数片基生，肉质，叶柄长，紫红色；叶肾形，基部心形或截形，边缘有不规则钝锯齿，上面绿色，具白色网状脉纹，下面紫红色，两面均有白色伏生毛。圆锥花序，稀疏，花小。花期 5～8 月。
习　　性：喜阴湿环境，忌阳光曝晒。
观赏特征：2 枚白色长花瓣如耳朵；植株小巧，叶形奇特。
园林应用：林下及荫蔽处地被，山石旁、溪边种植。

263 随意草（芝麻花，假龙头花） *Physostegia virginiana* Benth. 唇形科

形态特征：多年生草本，高 60～120cm。茎丛生而直立，稍四棱形。叶对生，长椭圆形至披针形，缘有锯齿，长 7.5～12.5cm。顶生穗状花序，长 20～40cm，单一或有分枝，淡紫、红、白、粉等色。花期 7～9 月。
习　　性：喜光；夏季干旱则生长不良。
观赏特征：开花整齐，花色艳丽。
园林应用：花境，花丛，花台；切花。

264 佛甲草　　*Sedum lineare* Thunb.　　景天科

形态特征：多年生肉质草本。茎初生时直立，后下垂，有分枝。3叶轮生，无柄，线状披针形，长2.5cm，叶在荫处为绿色，光照下为黄绿色。聚伞花序顶生，着花约15朵，中心有一具短柄的花；花瓣5，黄色，披针形。花期5～6月。

习　　性：喜光，且耐荫；多生于岩石及石缝间，适应性强；耐盐碱，抗逆性强。

观赏特征：植株低矮整齐，花叶细美亮丽，质感细腻；叶秋后稍变红。

园林应用：花境，花坛，花台，岩石园，地被，屋顶花园。

同属常见种：垂盆草 *S. sarmentosum* Bge. 植株高5～20cm，茎平卧，叶三片轮生，扁平，形小，长约2～2.5cm；花小，花期6～8月。

265 桔梗（僧冠帽，梗草）　　*Platycodon grandiflorum* A. DC.　　桔梗科

形态特征：多年生宿根草本，高30～100cm。叶互生或3枚轮生，几无柄，端尖，边缘有锐锯齿，背面蓝粉色。花单生枝顶或数朵组成总状花序；花冠钟形，蓝紫色，径可达6.5cm；有白花、大花、星状花、斑纹花、重瓣花及植株高矮不同等品种。花期6～10月。

习　　性：喜光，稍耐荫。

观赏特征：花含苞时形如僧冠，开放后花冠宽钟形，蓝紫色，花期长，花朵大而飘逸。

园林应用：花境，花坛，岩石园；切花。

266 红花酢浆草（三叶草，铜锤草）　　*Oxalis rubra* St. Hil.　　酢浆草科

形态特征：多年生草本，高10～30cm。叶基生，具长柄，小叶3枚，组成掌状复叶，小叶倒心形，宽约1.8～3.5cm，顶端凹缺，有毛，有橙黄色泡状斑点。伞形花序有花6～10朵，花通常为淡红色，有深色条纹；萼片顶端有2条橙黄色斑纹；花瓣狭长，顶端钝或截形。花期5～9月。

习　　性：喜阴湿环境；喜肥沃、疏松及排水良好的砂质土壤。能抑制杂草生长。

观赏特征：植株低矮、整齐，花多叶繁，花期长，花色艳。

园林应用：地被，花坛，花台，花丛。

267 鸢尾（蓝蝴蝶，中国鸢尾，扁竹叶）　　*Iris tectorum* Maxim.　　鸢尾科

形态特征：多年生宿根草本，高 30～40cm。叶薄，淡绿色，剑形，长约 40 cm，基部抱合叠生。花茎高于叶，有 2～3 个分枝，每茎着花 2～3 朵。花径 10～12 cm，淡蓝色、白色；垂瓣近圆形，中央有鸡冠状突起；旗瓣小，平展。花期 4～6 月。

习　　性：喜半荫；耐旱，适应性强。

观赏特征：鸢尾种类多，花朵大而艳丽，叶丛美观。

园林应用：花境，花丛，花台，地被，专类园，岩石园，山石旁。

268 射干　　*Belamcanda chinensis* (L.) DC.　　鸢尾科

形态特征：多年生宿根草本，高 50～100cm。地下根状茎横走。叶宽剑形，2 列，嵌迭状排列成一平面，被白粉。二歧状伞房花序顶生；花橙色至橘黄色，外轮花瓣 3，长倒卵形，有红色斑点；内轮花瓣 3，稍小；花柱棒状，顶端 3 浅裂。花期 7～9 月。

习　　性：喜光；性强健。

观赏特征：叶排序整齐，花开盛夏，花瓣上斑点奇特。

园林应用：花径，花境，基础种植。

269 萱草（忘忧草） *Hemerocallis fulva* L. 百合科

形态特征：多年生宿根草本。根状茎粗短，有多数肉质根。叶基生，披针形，排成两列。花葶粗壮，高 90～110cm，螺旋聚伞花序着花 6～12 朵，橘红至橘黄色，花冠阔漏斗形，长 7～12cm，边缘稍为波状，盛开时裂片反卷，花径约 12cm，花瓣中部有褐红色色斑；单瓣或重瓣。花期 7～8 月。

习　　性：喜光，且耐荫；耐干旱瘠薄。

观赏特征：绿叶成丛，黄花点缀。

园林应用：花境，花径，地被，基础种植。

270 玉簪（玉春棒，白鹤花） *Hosta plantaginea* Aschers. 百合科

形态特征：多年生宿根草本，株高约 40cm。叶基生成丛，具长柄，叶片基部心形，具弧状脉。花葶从叶丛基部抽出，顶生总状花序，着花 9～15 朵；每花被一苞片，形似簪，花白色，管状漏斗形，径约 2.5～3.5cm，长约 13cm；芳香。花期 6～8 月。品种有单瓣、重瓣、花叶。

习　　性：喜荫，忌直射光；以肥沃湿润、排水良好的土壤为宜。

观赏特征：花大叶美，花极芳香，夜间开放。

园林应用：林下、建筑物周围蔽荫处地被，岩石园，山石旁。

同属常见种：**紫萼** *H. ventricosa* Stearn 基生叶较小，卵形或宽卵形，基部楔形至心形。花柄基部有 1 苞片，窄卵形，花小，淡紫色。园艺品种有花边紫萼、花叶紫萼。

271 阔叶麦冬　　*Liriope platyphylla* Wang et Tang　　百合科

形态特征：多年生常绿草本，高20～50cm。叶基生，宽线形，长40～50cm，基部渐狭呈柄状，有明显横脉。总状花序可达40cm，花葶高50～100cm，小花多而密，4～8朵簇生在苞片内，淡紫色。花期7～8月。
习　　性：喜阴湿环境，管理极粗放。
观赏特征：株丛繁茂，终年常绿，花紫色。
园林应用：林下地被，花坛、花境镶边，山石旁。

272 沿阶草（书带草，绣墩草，细叶麦冬）　　*Ophiopogon japonicus* Ker.-Gawl.　　百合科

形态特征：多年生常绿草本，高10～40cm。具细长地下匍匐茎。叶丛生，狭线形，主脉不隆起。花葶长6～15cm，有棱，总状花序较短，着花约10朵，小花梗弯曲向下，花淡紫色或白色；果蓝色。花期8～9月，果熟于春季。
习　　性：喜半荫；宜通风良好，富含腐殖质、肥沃而排水良好的沙质壤土。
观赏特征：株丛低矮，终年常绿，紫花蓝果。
园林应用：花坛镶边，山石旁，花台，林下地被。

273 吉祥草（松寿草，观音草） *Reineckia carnea* (Andr.)Kunth 百合科

- 形态特征：多年生常绿草本，高 10～50cm。具匍匐茎，叶通常簇生在匍匐根茎顶端，线状披针形，端渐尖，基部渐狭成柄，具叶鞘。花葶自叶丛中抽出，低于叶丛，穗状花序顶生，花无柄，粉红色，具芳香。浆果球形，红色。花期 9～10 月。叶有金边、银边类型。
- 习　　性：喜阴湿环境，适应性强，不择土壤，不耐涝。
- 观赏特征：株丛低矮，叶丛稠密浓绿，四季青翠，浆果火红。
- 园林应用：林下、林缘地被，山石旁。

274 一叶兰（蜘蛛抱蛋） *Aspidistra elatior* Blume 百合科

- 形态特征：多年生常绿草本，高 40～70cm。具粗壮匍匐根状茎。叶基生，长达 70cm，质硬，基部狭窄形成沟状长叶柄。花单生短梗上，紧附地面，径约 2.5cm，紫褐色。花期春季。
- 习　　性：喜阴湿；耐贫瘠，喜疏松肥沃、排水良好的沙质壤土。
- 观赏特征：叶片挺拔，浓绿光亮。
- 园林应用：建筑物周围荫蔽处、林下地被，山石旁。
- 变　　种：斑叶一叶兰 var. *punctata* Hort. 叶面上有白色斑点。

275 百合类　　Lilium spp.　　百合科

形态特征：多年生草本。茎直立，花大，单生、簇生或呈总状花序，花被片6，基部有蜜腺，有白、粉、橙、桔红、洋红、紫色或具赤褐色斑点花。花期自春至秋，夏季为盛花期。

习　　性：喜半荫；冷凉湿润气候，要求肥沃、腐殖质丰富、排水良好的微酸性土壤。

观赏特征：百合花期长，花大姿丽，有色有香。

园林应用：宜大片纯植或丛植疏林下、草坪边、亭台畔、花境、专类园、岩石园；盆栽、切花。

同属常见种：1. 川百合 *L. davidii* Duch. 又名大卫百合，地上茎略被紫褐色粗毛。叶多而密集；线形。着花 2～20 朵，下垂；砖红色至橘红色，带黑色；花被片反卷；花期 7～8 月。
2. 卷丹 *L. tigrinum* Ker. 地上茎紫褐色，被蛛网状白色绒毛。叶狭披针形，腋有黑色珠芽。圆锥状总状花序，花梗粗壮，花朵下垂，径约 12 cm；花被片披针形，开后反卷，呈球状，橘红色，内面散生紫黑色斑点；花期 7～8 月。

276 百子莲（紫君子兰，非洲百合）　　*Agapanthus africanus* (L.) Hoffmanns　　石蒜科

形态特征：多年生常绿草本。叶 2 列，基生，光滑。顶生伞房花序，花葶高可达120cm，有花 10～50 朵，花漏斗形，长达 5cm，蓝色或蓝紫色；花期 6～8 月。栽培变种有大花、小花、花叶、单瓣及重瓣，白色、不同浓淡蓝色等品种。

习　　性：喜光，耐半荫；喜湿润，忌涝；喜肥。

观赏特征：叶色浓郁，花形秀丽，优雅别致，蓝花朵朵，炎夏开花，清凉可爱。

园林应用：花境，花丛；切花。

277 石蒜（红花石蒜，老鸦蒜） *Lycoris radiata* Herb. 石蒜科

形态特征：多年生草本。叶基生，线形，5～6片，长30～60cm，表面深绿色，背面粉绿色；晚秋叶自鳞茎抽出，至春枯萎。花葶在叶前自叶丛中央抽出，与叶近等长，伞形花序有花2～10朵，鲜红色或具白色边缘；花被6裂，边缘皱缩，反卷，花被片基部合生呈短管状。花期8～10月。

习　　性：喜阴湿，也耐强光和干旱，管理粗放；生于河岸、竹丛及阴湿的石隙岩缝间。

观赏特征：冬春叶色翠绿，夏秋红花怒放，富有自然野趣，素有中国的"郁金香"之称。

园林应用：自然式片植，花境，缀花草坪，溪涧、山石旁丛植，专类园；切花。

同属常见种：1. 忽地笑 *L. aurea* Herb. 又名黄花石蒜，叶阔线形，粉绿色；花大，黄色，花期6～8月。
2. 鹿葱 *L. squamigera* Maxim. 又名紫花石蒜，叶阔线形，淡绿色；花粉红色，有雪青或水红色晕，具芳香。

278 朱顶红（百枝莲，华胄兰） *Hippeastrum × hortorum* 石蒜科

形态特征：多年生草本，地下鳞茎大，球形。肉质叶二列状着生，带状，长可达50cm，与花同时或花后抽出。花自叶丛外侧抽出，高达50～70cm，伞形花序，有花2～7朵，花大型漏斗状，呈水平或下垂开放，花色红、粉、白、红色具白色条纹。花期初冬至春末。

习　　性：喜光，但不宜过分强烈的光照。

观赏特征：花大，色艳，叶姿丰润。

园林应用：花境，花坛，缀花草坪，盆栽，切花。

279 中国水仙　　*Narcissus tazetta* var. *chinensis* Roem.　　石蒜科

- 形态特征：多年生草本；地下部分具肥大的鳞茎。叶基生，狭长带状，长30～80cm，宽1.5～4cm，端钝圆，边全缘。花葶于叶丛中抽出，稍高于叶，中空，筒状或扁筒状，花呈伞房花序，白色，芳香，副冠高脚碟状，花期1～3月。
- 习　　性：喜光，耐半荫；喜水，喜肥，也耐干旱瘠薄。
- 观赏特征：株丛清秀，花色淡雅，芳香馥郁。
- 园林应用：花境，地被，丛植，缀花草坪；盆栽，切花。
- 同属常见种：二色喇叭水仙 *N. pseudonarcissus* L.var.*bicolor* Baker 花大，单生，径5cm，花冠白色；副冠边缘皱褶或波状，黄色。

280 葱兰（白花菖蒲莲）　　*Zephyranthes candida* Herb.　　石蒜科

- 形态特征：多年生草本，高20～40cm。叶基生，扁线形，稍肉质，暗绿色。花葶中空，自叶丛中抽出，花单生，径约3～5cm，花被片6，白色或外侧略带紫红晕。花期7～9月。
- 习　　性：喜光，耐半荫。
- 观赏特征：株丛低矮而紧密，花期较长。
- 园林应用：花径，花境，花坛镶边，地被。
- 同属常见种：韭兰 *Z. grandiflora* Lindl. 又名红花菖蒲莲，叶基生5～6枚，线形，柔软极似韭菜。花粉红色，径约5～8cm，花期6～9月。

281 水鬼蕉（美洲蜘蛛兰，蜘蛛百合） *Hymenocallis americana* Roem. 石蒜科

形态特征：多年生草本。叶基生，剑形，端锐尖，多直立，长50～80cm，宽3～6cm。伞形花序顶生，花葶扁平，高30～70cm，花冠白色，无梗，花筒长约10cm，花被裂片线形，副冠具齿，长2.5cm；有芳香。花期5～7月。
习　　性：喜光；喜温暖、湿润环境，适应性强。
观赏特征：叶姿健美；花白色，花形别致。
园林应用：花境，花径。

282 春羽（春芋，羽裂喜林芋） *Philodendron selloum* K.Koch 天南星科

形态特征：多年生常绿草本，植株高大，可达1.5m以上，茎为直立性，呈木质化，有气生根。叶簇生于茎端，广心形，全叶羽状深裂似手掌状，长达60cm、宽40cm，革质，浓绿色有光泽，叶柄坚挺而细长，可达80～100cm。
习　　性：喜高温多湿的环境，耐荫而怕强光直射。
观赏特征：植株高大翠绿，羽裂叶奇特，叶片肥大。
园林应用：建筑物周围庇荫处、山石旁、水边、树荫下丛植。

283 紫竹梅（紫鸭跖草，紫锦草） *Setcreasea pallida* Rose 'Purple Heart' 鸭跖草科

形态特征：多年生草本，高20～40cm。全体紫色，枝茎柔软，呈下垂状。叶片槽状，长圆状披针形，叶鞘边缘鞘口有睫毛。苞片贝壳状，聚伞花序缩短生枝顶，花淡紫色。花期6～9月。
习　　性：喜光，稍耐荫；适应性强，管理粗放。
观赏特征：叶紫色，花浅紫色。
园林应用：地被，花境，花台。

284 吊竹梅（水竹草，斑叶鸭跖草） *Zebrina pendula* Sch. 鸭跖草科

形态特征：常绿宿根草本。茎分枝，匍匐性，节处生根，茎有粗毛，茎与叶稍肉质；叶互生，基部鞘状，卵圆形或长椭圆形，叶全缘，叶面银白色，其中部及边缘为紫色，叶背紫色。花小，紫红色，数朵聚生于二片紫红色的叶状苞内。花期7～9月。

习　　性：忌强光，耐半荫；适应性强，管理粗放。

观赏特征：叶白、绿、紫相间。

园林应用：林下地被，山石旁种植。

285 淡竹叶（竹麦冬，长竹叶） *Lophatherum gracile* Brongn. 禾本科

形态特征：多年生草本；杆高约40～80cm，尖端渐尖，基部呈圆形或楔形，无柄或有短柄。叶脉平行，小横脉明显。圆锥花序，分枝稀疏，小穗条状披针形，具极短的柄，排列稍偏于穗轴的一侧，边缘呈膜质。花期7～9月。

习　　性：喜半荫环境，喜富含腐殖质、疏松、排水良好的土壤。

观赏特征：叶似竹，淡雅飘逸。

园林应用：地被，自然野趣种植。

286 春兰　　　*Cymbidium goeringii* Rchb. f.　　　兰科

形态特征：多年生常绿草本，地生，直立。叶 4 ~ 6 片聚生，窄而尖，长 30 ~ 60 cm，上部弯曲下垂，边缘略具细锯齿。花 1 ~ 2 朵顶生，花被片 6，黄绿色，有芳香。花期 2 ~ 3 月。

习　　性：喜阴湿环境，富含腐殖质的微酸性土壤。

观赏特征：叶清秀，花幽香。"世称三友，竹有节而无花，梅有花而无叶，松有叶而无香"，而兰花"独并有之"，有节、有花、有叶、有香。

园林应用：地被，专类园；盆栽

同属常见种：1. 建兰 *C. ensifolium* (L.) Sw. 叶较宽、直；花茎直立，有花 7 ~ 12 朵，黄绿色，芳香。
2. 蕙兰 *C. faberi* Rolfe 叶窄而长，暗绿色；花茎直立而长，有花 5 ~ 9 朵，淡黄色，芳香。
3. 墨兰 *C. sinense* (Andr.) Willd. 叶 2 ~ 4 枚簇生，宽而长，深绿色，有光泽；花 12 ~ 18 朵，紫褐色，香味较淡，冬末至早春开花。
4. 寒兰 *C. kanran* Makino 叶 3 ~ 7 枚丛生；花 5 ~ 10 朵，黄绿色带紫斑，有黄、白、青、红、紫等色，花期 9 ~ 12 月。

287 芭蕉　　　*Musa basjoo* Sieb.et Zucc.　　　芭蕉科

形态特征：多年生大型草本，由叶包围而成的假茎高 4 ~ 6m。叶巨大，侧脉羽状，平行，具长柄。穗状花序下垂，果实肉质。

习　　性：喜光；喜温暖湿润气候。

观赏特征：株型优美，叶片巨大（有"雨打芭蕉"的意境），引人注目，具典型热带风格。

园林应用：角隅、窗外、山石旁等丛植，路边、建筑外、水旁列植。

288　大花美人蕉（红艳蕉）　　Canna generalis Bailey　　美人蕉科

形态特征：多年生草本，地上茎高 80～150cm。具肉质根状茎，茎叶被白粉。叶大，互生，阔椭圆形。总状花序，花瓣直伸，花径 10～20cm，花萼、花瓣亦被白粉，有乳白、黄、桔红、粉红、大红至紫红或镶边等色，还有矮型及不同叶色品种。花期夏秋。

习　　性：喜光；喜温暖、炎热气候，不择土壤；稍耐水湿。

观赏特征：叶大花美，花色艳丽，花感强烈，花期长。

园林应用：花境，花径，基础种植，水边。

水生花卉

289 千屈菜（水柳，对叶莲） *Lythrum salicaria* L. 千屈菜科

形态特征：多年生挺水植物。根状茎横卧于地下，粗壮，木质化。茎直立，四棱形，株高30～100cm。叶对生或3片轮生，披针形或宽披针形，有时基部略抱茎，全缘。长总状花序顶生，花数朵簇生于叶状苞腋内，花梗及花序均短，紫色。花期6～9月。
习　　性：喜光；尤喜水湿。
观赏特征：花色艳丽，花期长。
园林应用：水边栽植，花境；切花。

290 荷花（芙蓉，莲花，水芙蓉） *Nelumbo nucifera* Gaertn. 睡莲科

形态特征：多年生挺水植物。地下茎膨大横生于泥中，称藕。叶盾状圆形，具14～21条辐射状叶脉，叶径可达70cm，全缘。叶面深绿色，被蜡质白粉，叶背淡绿，光滑，叶柄侧生刚刺。花单生，花瓣多少不一，色彩各异。花后膨大的花托称莲蓬。花期6～9月。
习　　性：喜光；喜湿、怕干。
观赏特征：花大色艳，清香四溢。因其出淤泥而不染的气质，深受大众的喜爱。
园林应用：大面积水域种植，专类园。

291 睡莲（子午莲，水芹花） *Nymphaea tetragona* Georgi 睡莲科

形态特征：多年生浮叶植物。叶丛生并浮于水面，近圆形或卵状椭圆形，纸质或革质，直径6～11cm，全缘，叶面浓绿，背面暗紫色。花白色，午后开放，单生于细长花梗顶端。花期6～9月。

习　　性：喜强光、通风良好、水质清洁的环境。

观赏特征：叶大花美，富有光泽，花期长。

园林应用：小面积水面点缀；盆栽，切花。

同属常见种：1. **白睡莲** *N. alba* L. 根茎横生，黑色。叶圆形，幼时红色，全缘。花白色，径12～25cm，白天开放。品种丰富，花有粉色、黄色、玫瑰红等。
2. **黄睡莲** *N. mexicana* Zucc. 叶圆，背面具紫褐色斑点。花鲜黄色，中午开放。

292 野慈菇 *Sagittaria trifolia* Linn. 泽泻科

形态特征：多年生挺水植物，株高可达2m。叶基生，具长柄，叶柄粗而有棱，叶片戟形，全缘，叶形变化大。花单性，白色，顶生总状花序。花期夏秋。

生态习性：喜光；适应性较强，多生于稻田池塘、湖泊或沼泽地。

观赏特征：叶色翠绿，叶形奇特；夏季朵朵白花，花期长；富有野趣。

园林应用：水边、湿地点缀。

变　　种：**慈菇** var. *sinensis* (Sims) Makino 植株高大，粗壮；叶片宽大肥厚，顶裂片先端钝圆，卵形至宽卵形；圆锥花序较高大。

293 梭鱼草　　　Pontederia cordata L.　　　雨久花科

形态特征：多年生挺水或湿生草本植物，株高 80～150cm。叶柄绿色，圆筒形，叶片较大，长可达 25cm，宽可达 15cm，深绿色，叶倒卵状披针形，叶片光滑。穗状花序顶生，长 5～20cm，小花密集在 200 朵以上，蓝紫色，花葶直立，通常高出叶面。花期 5～10 月。
习　　性：喜光；喜肥，喜湿。
观赏特征：叶色翠绿，花蓝紫色。
园林应用：水边、湿地栽种。

294 水葱（莞蒲，管子草，冲天草）　　　Scirpus validus Vahl　　　莎草科

形态特征：多年生挺水植物，高 1～2m。地下具粗壮而横走的根茎；地上茎直立，圆柱形，中空，粉绿色；基部具 3～4 个叶鞘，管状，膜质，仅最上面的一个叶鞘具叶片；叶片细线形，长 1.5～12cm。聚伞花序顶生，稍下垂，小花淡黄褐色，下具苞叶。花期 6～8 月。
生态习性：性强健，常生于湿地、沼泽地或池畔浅水中。有净化水质的作用。
观赏特征：株丛挺立，色泽淡雅洁净，具有田园气息。
园林应用：与其他水生花卉配植，点缀水边、切枝。
品　　种：花叶水葱 'Zebrinus'，叶白绿相间。

295 旱伞草（伞草，风车草，水竹） *Cyperus alternifolius* L. 莎草科

形态特征：多年生挺水植物，高60～150cm。茎秆直立丛生，三棱形，无分枝。叶退化为鞘状，包裹茎秆基部；叶状苞片约20枚，近等长，带状披针形，螺旋状排列在茎秆顶端，向四周辐射开展，扩散呈伞状。小花序穗状，扁平，多数聚成大型复伞形花序。花期8～11月。
习　　性：喜阴湿及通风良好的环境；喜水湿，亦耐旱。
观赏特征：株型奇特，叶状总苞如伞，清秀独特。
园林应用：配置于水池、溪岸边，与山石搭配；切花。

296 香蒲（长包香蒲，水烛） *Typha angustata* Bory et Chaub. 香蒲科

形态特征：多年生挺水植物，高达1.5m。地下具粗壮匍匐根茎，地上茎直立细长，圆柱形，不分枝。叶由茎基部抽出，二列状着生，长带形，长约80～180cm，基部鞘状抱茎。花单性，穗状花序呈蜡烛状，浅褐色。花期5～7月。
习　　性：喜光；喜深厚肥沃的泥土，适应性较强。
观赏特征：叶丛细长如剑，色泽光洁淡雅。
园林应用：配置于水池、溪岸边；盆栽，切花。

297 黄花鸢尾（黄菖蒲，水生鸢尾） *Iris pseudacorus* Linn. 鸢尾科

形态特征：多年生湿生或挺水植物，植株高大。叶基生茂密，长剑形，长60～120cm，中肋明显，并具横向网状脉。花茎稍高出于叶，垂瓣上部椭圆形，基部近等宽，具褐色斑纹或无，旗瓣淡黄色，花径8～12cm。花期5～6月。
习　　性：喜光，耐半荫；喜水湿，耐旱。
观赏特征：花色黄艳，花姿秀美，如金蝶飞舞于花丛中；叶清秀。
园林应用：配置于水池、溪岸边，与山石搭配。

298 菖蒲（水菖蒲，大叶菖蒲） *Acorus calamus* Linn. 天南星科

形态特征：多年生挺水植物。根茎稍扁，横卧泥中，有芳香。叶基生，剑状线形，长50～120cm，中部宽1～3cm，叶基部成鞘状，对折抱茎，中脉明显，两侧均隆起，边缘稍波状。叶状佛焰苞，内具圆柱状长锥形肉穗花序。花期6～9月。

习　　性：喜生于沼泽溪谷或浅水中。

观赏特征：叶细长如剑，花形奇特。

园林应用：配置于水池、溪岸边、湿地。

299 石菖蒲（山菖蒲，药菖蒲，水剑草） *Acorus tatarinowii* Schott 天南星科

形态特征：多年生挺水植物，高可达30cm左右。全株具香气；根茎平卧，上部斜立，根茎多分枝。叶基生，带状剑形，中部宽7～13mm，基部呈鞘状，对折抱茎；无明显中脉。花茎叶状而短，花小形，淡黄绿色。花期2～5月。

习　　性：喜阴湿，常生于山谷溪流中或有流水的石缝中；耐践踏。

观赏特征：株丛低矮，叶色油绿光亮而芳香。

园林应用：地被，假山石隙、水边栽植，花径。

300 再力花（水竹芋，水莲蕉） *Thalia dealbata* Fraser 竹芋科

形态特征：多年生挺水植物，株高2m左右，全株附有白粉。叶卵状披针形，浅灰蓝色，边缘紫色，长50cm，宽25cm，叶柄极长。复总状花序，花小，紫堇色，苞片状如飞鸟。夏至秋季开花。

习　　性：在微碱性的土壤中生长良好。

观赏特征：株形美观洒脱，叶色翠绿可爱，花紫色。

园林应用：水边、湿地栽种；盆栽。

中文名索引

A

矮海桐 67
矮牵牛 111
安石榴 91
安息香 44
凹叶厚朴 35
澳洲金合欢 49

B

八角金盘 75
八仙花 85
芭蕉 42、139
白碧桃 45
白车轴草 126
白丁香 93
白果 34
白鹤花 131
白花菖蒲莲 136
白花泡桐 59
白蜡 59
白蜡树 59
白三叶草 126
白睡莲 143
白芽松 10
白榆 39
白玉兰 34
百合类 134
百日草 114
百日红 90
百日菊 114
百枝莲 135
百子莲 134
斑叶长春蔓 72
斑叶海桐 67
斑叶鸡爪槭 56
斑叶鸭跖草 138
斑叶一叶兰 133
半支莲 116
爆竹红 110
碧冬茄 111
碧桃 45
薜荔 98
扁柏 12
扁担杆 83
扁担木 83
扁竹叶 130
冰凌花 126
波萝花 79

波斯菊 114
布迪椰子 29

C

彩叶草 110
糙叶树 38
糙叶榆 38
草茉莉 121
草牡丹 111
草绣球 85
茶花 66
茶梅 67
檫木 36
檫树 36
菖蒲 146
长包香蒲 145
长春花 127
长春蔓 72
长生菊 115
长叶刺葵 28
长竹叶 138
常春藤 102
常春油麻藤 98
常夏石竹 112
朝天椒 112
池柏 33
池杉 33
匙叶黄杨 71
翅荚木 50
冲天草 144
臭椿 58
臭芙蓉 113
樗 58
雏菊 114
楮树 40
川百合 134
垂柳 43
垂盆草 129
垂丝海棠 47
垂枝桑 39
垂枝桃 45
垂枝雪松 11
垂枝榆 39
春菊 114、124
春兰 139
春梅 44
春羽 137
春芋 137

慈菇 143
刺槐 50
葱兰 136
翠菊 113

D

大波斯菊 114
大果泡桐 59
大花金鸡菊 124
大花美人蕉 140
大理菊 125
大丽花 125
大丽菊 125
大罗伞 76
大叶菖蒲 146
大叶黄杨 69
大叶金钱草 126
大叶榉 38
大叶柳 40
淡竹叶 138
倒杨柳 43
灯笼树 54
灯台树 51
地肤 121
地锦 101
棣棠 87
滇柏 14
殿春花 125
吊竹梅 138
丁香 93
东京樱花 46
冬青 25、51
冬青卫矛 69
冬樱花 46
冻椰 29
豆瓣冬青 70
豆梨 47
杜鹃 11、75
杜英 24、25、50
对叶莲 142
对叶梅 114
多花蔷薇 101

E

鹅掌柴 76
鹅掌楸 15、36
萼距花 79
耳朵红 128

二乔玉兰　35
二色喇叭水仙　136
二月兰　120

F
法国冬青　27
非洲百合　134
粉花绣线菊　86
丰花月季　86
风车草　145
枫树　37
枫香　11、15、19、20、24、32、37、41、51
枫杨　40
凤蝶草　122
凤尾柏　12
凤尾蕉　10
凤尾兰　79
凤尾松　10
凤尾竹　108
凤仙花　116
佛肚竹　107
佛甲草　129
扶芳藤　100
扶桑　78
芙蓉　142
芙蓉花　84
福建柏　14
复羽叶栾树　54

G
干枝梅　44
葛　99
葛藤　99
梗草　129
公孙树　34
枸骨　25
构树　40
古栲栩　40
瓜子黄杨　71
观赏椒　112
观音草　133
管子草　144
光皮桦　50、51
广玉兰　16
龟甲冬青　70
龟甲竹　106
鬼箭羽　91
桂花　26、34
过路黄　126

H
孩儿拳头　83
海红　47
海石榴　91
海桐　67
海桐花　67
海栀子　74
含笑　64
寒兰　139
旱柳　43
旱伞草　145
蚝猪刺　66
豪猪刺　66
合欢　48
核桃　40
荷花　142
荷花玉兰　16
荷树　23
黑荆树　49
黑松　10、11
黑心菊　125
红碧桃　45
红翅槭　27
红唇　68
红枫　11、56
红花车轴草　126
红花酢浆草　129
红花石蒜　135
红花鼠尾草　110
红檵木　67
红绿梅　44
红罗宾　68
红楠　19
红千层　77
红润楠　19
红甜菜　121
红苋菜　121
红铜盆　76
红细叶鸡爪槭　56
红艳蕉　140
红叶李　44
红叶石楠　68
红叶桃　45
红叶苋菜　121
猴板栗　55
厚皮香　24
忽地笑　135
胡桃　40
胡颓子　69
胡枝子　89
槲栎　41

蝴蝶草　122
蝴蝶花　115
虎耳草　128
花柏　13
花菜　120
花公草　122
花叶鹅掌柴　76
花叶络石　102
花叶爬行卫矛　100
花叶苎麻　126
花叶雀舌栀子　74
花叶水葱　144
华盛顿葵　29
华胄兰　135
黄菖蒲　145
黄杜鹃　95
黄花　124
黄花鸢尾　145
黄金槐　49
黄金间碧玉　107
黄连木　57
黄睡莲　143
黄杨　71、77
黄枝槐　49
黄栀子　73
桧柏　13
蕙兰　139
火把果　68
火棘　68
火炬树　57
火力楠　17
火球　118

J
鸡冠　117
鸡冠花　117
鸡爪槭　56
吉祥草　133
麂角杜鹃　75
加拿大盐肤木　57
加那利海枣　28
夹竹桃　71
家桑　39
家榆　39
假连翘　92
假龙头花　128
建柏　14
建兰　139
剑叶波斯菊　124
江西腊　113
将离　125

结香　90
金边胡颓子　69
金边黄槐　89
金边六月雪　74
金凤花　116
金钱草　128
金钱松　12、32、50
金丝荷叶　128
金丝楠　19
金丝桃　83
金心胡颓子　69
金心楠　19
金叶柏　13
金叶扁柏　12
金叶粉花绣线菊　86
金叶过路黄　126
金叶花柏　13
金叶鸡爪槭　56
金叶女贞　73
金叶水杉　32
金叶小檗　82
金叶雪松　11
金银花　103
金樱子　100
金鱼草　122
金盏花　115
金盏菊　115
金钟花　93
筋头竹　79
锦鸡儿　89
锦绣杜鹃　75
锦紫苏　110
景烈白兰　16
韭兰　136
救军粮　68
桔梗　129
菊花　124
榉树　19、38
拒霜花　84
卷丹　134

K
楷木　57
楷树　57
壳菜果　20
孔雀草　113
孔雀杉　12
孔雀松　12
苦楝　58
阔叶麦冬　132
阔叶箬竹　108

阔叶十大功劳　65

L
喇叭花　119
腊梅　82
蜡瓣花　94
蜡梅　82
蜡树　26
蓝果树　50
蓝蝴蝶　130
蓝菊　113
榔榆　38
老虎草　128
老来少　117
老枪谷　117
老人葵　29
老鸦蒜　135
乐昌含笑　16
乐东拟单性木兰　17
冷水花　126
立柳　43
莲花　36、142
楝树　58
裂叶牵牛　119
凌霄　103
柳杉　12、32
柳树　43
柳叶桃　71
六月雪　74
龙柏　14
龙口花　122
龙头花　122
龙须牡丹　116
龙须藤　100
龙枣　59
龙爪槐　49
龙爪柳　43
龙爪桑　39
卢橘　22
庐山厚朴　35
鹿葱　135
鹿角杜鹃　75
鹿角漆　57
路路通　37
栾树　54
轮叶赤楠　77
罗浮槭　27
罗汉杉　14
罗汉松　14
椤木　23
椤木石楠　23

洛阳花　112
络石　102
落羽杉　33
落羽松　33
蓝猪耳　122

M
马褂木　36
马蹄金　128
马蹄筋　128
马尾松　11、12、23、36、38、
　　　　41、95
马樱树　48
满天星　74
满条红　88
曼陀罗树　66
蔓长春花　72
莽草　20
猫儿刺　25
猫脸花　115
毛泡桐　60
毛竹　11、19、32、36、106
梅花　11、44
美丽红豆杉　15
美女樱　111
美人樱　111
美洲蜘蛛兰　137
猕猴桃　98
米老排　20
模样苋　118
墨兰　139
牡丹　11、34、85、125
牡丹菜　120
木笔　82
木芙蓉　84
木瓜　48
木瓜海棠　48
木荷　11、18、19、20、23、
　　　　36、41、50、58
木花树　34
木槿　83
木兰　82
木莲　18
木芍药　85
木犀　26
木绣球　93

N
耐冬　66
南方红豆杉　15
南酸枣　24、58

南天竹　66
南天竺　66
南迎春　72
楠竹　106
闹羊花　95
鸟不宿　25
茑萝　119
女贞　26

O
欧美杨　42

P
爬墙虎　101
爬山虎　101
爬行卫矛　100
泡桐　59
披针叶八角　20
枇杷　22
平地木　76
铺地柏　64
朴　37
朴树　37、38

Q
七月菊　113
千屈菜　142
千日草　118
千日红　118
千头柏　64
牵牛　119
墙下红　110
蔷薇　101
青皮竹　108
青松　11
青桐　42
琼花　94
秋菊　124
秋英　114
楸树　60
球桧　13
雀儿酥　69
雀舌黄杨　71
雀舌栀子　74

R
忍冬　103
任木　50
日本扁柏　12
日本黑松　10
日本花柏　13
日本晚樱　46

日本五针松　11
日本小檗　82
日本绣线菊　86
日本樱花　46
日日草　127
绒柏　13
绒花树　48
绒毛泡桐　60
软木栎　41
瑞香　77

S
洒金东瀛珊瑚　69
三角枫　55
三角槭　55
三棵针　66
三色堇　115
三色苋　117
三叶草　129
伞草　145
桑树　39、60
扫帚草　121
僧冠帽　129
沙梨　47
砂地柏　64
山茶　66
山菖蒲　146
山桂　26
山荔枝　52
山麻杆　84
山杨梅　21
山棕　28
山矾　24、25
珊瑚树　27
芍药　85、125
少女石竹　112
射干　130
湿地松　10
十大功劳　65
石菖蒲　146
石榴　91
石楠　22、68
石蒜　135
石枣　52
石竹　112
柿树　43
书带草　132
蜀季花　120
蜀葵　120
刷毛桢　77
栓皮栎　41、51
双荚决明　89

水菖蒲　146
水葱　144
水芙蓉　142
水鬼蕉　137
水剑草　146
水莲蕉　146
水柳　142
水芹花　143
水杉　12、32
水生鸢尾　145
水栀子　74
水竹　145
水竹草　138
水竹芋　146
水烛　145
睡莲　143
四季桂　26
四季秋海棠　127
四季绣球　111
四照花　52
松寿草　133
松叶牡丹　116
溲疏　85
苏铁　10
酸枣　58
随意草　128
梭鱼草　144

T
塔柏　13
塔桃　45
太阳花　116
糖罐子　100
绦柳　43
桃　45
天师栗　55
天竺　66
天竺桂　26
贴梗海棠　87
铁树　10
铜锤草　129
透明草　126
土杉　14

W
莞蒲　144
万寿菊　113
万字茉莉　102
忘忧草　131
望春花　34
卫矛　91
蚊母树　21

蚊子树 21
乌桕 53
无刺构骨 25
无花果 39
无患子 55
梧桐 42
五瓣莲 127
五钗松 11
五色草 118
五色椒 112
五色梅 78
五色苋 118
五针松 11

X
西府海棠 47
西洋白花菜 122
溪沟树 40
细叶黄杨 71
细叶鸡爪槭 56
细叶麦冬 132
细叶美女樱 111
狭叶十大功劳 65
夏堇 122
现代月季 86
香花崖豆藤 99
香蒲 145
香樟 18
橡树 41
小檗 82
小地雷 121
小果海棠 47
小蜡 73
小叶红 118
小叶楠 19
小叶女贞 73
小叶榆 38
小叶栀子 74
孝顺竹 108
辛夷 82
熊掌木 76
绣墩草 132
绣球花 85
须苞石竹 112
萱草 131
悬铃木 41
雪松 11

Y
鸭脚木 76
胭脂花 121
延命菊 114

岩桂 26
沿阶草 132
盐肤木 57
雁来红 117
羊踯躅 95
杨梅 21
洋海棠 127
洋槐 50
洋玉兰 16
洋紫苏 110
痒痒树 90
药菖蒲 146
野慈菇 143
野茉莉 44
野蔷薇 101
野鸦椿 53
叶牡丹 120
叶子花 78
夜合花 48
一串红 110
一叶兰 133
一丈红 120
银边胡颓子 69
银杏 32、34、50
樱花 46
映山红 95
柚 27
游龙草 119
榆树 39
榆叶梅 87
羽裂喜林芋 137
羽叶茑萝 119
羽衣甘蓝 120
玉春棒 131
玉兰 34、35
玉簪 131
郁李 88
鸢尾 130
圆柏 13
圆叶牵牛 119
云南黄馨 72

Z
再力花 146
凿树 23
枣树 59
樟树 18、19、23、36、38
正木 69
芝麻花 128
栀子花 73
蜘蛛百合 137
蜘蛛抱蛋 133

指甲花 116
中国水仙 136
中国鸢尾 130
中华蜡瓣花 94
中华猕猴桃 98
中华石竹 112
中华绣线菊 86
重阳木 52
皱皮木瓜 87
朱顶红 135
朱砂根 76
朱砂玉兰 35
诸葛菜 120
猪脚楠 19
竹柏 15、20
竹麦冬 138
竹叶柏 15
子午莲 143
梓树 60
紫丁香 93
紫萼 131
紫红鸡爪槭 56
紫花含笑 65
紫花泡桐 60
紫金楠 19
紫锦草 137
紫荆 88
紫君子兰 134
紫茉莉 121
紫楠 19
紫砂玉兰 35
紫树 50
紫藤 99
紫薇 90
紫鸭跖草 137
紫叶李 44
紫叶桃 45
紫叶小檗 82
紫玉兰 35、82
紫珠 92
紫竹 106
紫竹梅 137
棕榈 10、28、42
棕树 28
棕竹 79
走游草 126
醉蝶花 122
醉芙蓉 84
醉香含笑 17

拉丁名索引

A
Acacia mearnsii 49
Acer buergerianum 55
Acer fabri 27
Acer palmatum 56
Acorus calamus 146
Acorus tatarinowii 146
Actinidia chinensis 98
Aesculus wilsonii 55
Agapanthus africanus 134
Ailanthus altissima 58
Albizia julibrissin 48
Alchornea davidii 84
Alternanthera amoena 118
Alternanthera bettzickiana 118
Althaea rosea 120
Amaranthus tricolor 117
Antirrhinum majus 122
Aphananthe aspera 38
Ardisia crenata 76
Aspidistra elatior 133
Aucuba japonica 69

B
Bambusa glaucescens 108
Bambusa textilis 108
Bambusa ventricosa 107
Bambusa vulgaris var.striata 107
Bauhinia championii 100
Begonia semperflorens 127
Belamcanda chinensis 130
Bellis perennis 114
Berberis julianae 66
Berberis thunbergii 82
Beta vulgaris var.cicla 121
Betula luminifera 51
Bischofia polycarpa 52
Bougainvillea spectabilis 78
Brassica oleracea var. acephala f. tricolor 120
Broussonetia papyrifera 40
Butia capitata 29
Buxus bodinieri 71
Buxus sinica 71

C
Calendula officinalis 115
Callicarpa japonica 12
Callistemon rigidus 77
Callistephus chinensis 113
Camellia japonica 66
Camellia sasanqua 67
Campsis grandiflora 103
Canna generalis 140
Capsicum frutescens var.cerasiforme 112
Caragana sinica 89
Cassia bicapsularis 89
Catalpa bungei 60
Catalpa ovata 60
Catharanthus roseus 127
Cedrus deodara 11

Celosia cristata 117
Celtis sinensis 37
Cercis chinensis 88
Chaenomeles sinensis 48
Chaenomeles speciosa 87
Chamaecyparis obtusa 12
Chamaecyparis pisifera 13
Chimonanthus praecox 82
Choerospondias axillaris 58
Cinnamomum camphora 18
Citrus maxima 27
Cleome spinosa 122
Coleus blumei 110
Coreopsis grandiflora 124
Cornus controversa 51
Corylopsis sinensis 94
Cosmos bipinnatus 114
Cryptomeria fortunei 12
Cuphea hookeriana 79
Cycas revoluta 10
Cymbidium ensifolium 139
Cymbidium faberi 139
Cymbidium goeringii 139
Cymbidium kanran 139
Cymbidium sinense 139
Cyperus alternifolius 145

D
Dahlia hybrida 125
Daphne odora 77
Dendrobenthamia japonica var. chinensis 52
Dendranthema × grandiflora 124
Deutzia scabra 85
Dianthus barbatus 112
Dianthus chinensis 112
Dianthus deltoides 112
Dianthus plumarius 112
Dichondra repens 128
Diospyros kaki 43
Distylium racemosum 21
Duranta erecta 92

E
Edgeworthia chrysantha 90
Elaeagnus pungens 69
Elaeocarpus decipiens 24
Eriobotrya japonica 22
Euonymus alatus 91
Euonymus fortunei 100
Euonymus fortunei var.radicans 100
Euonymus japonicus 69
Euscaphis japonica 53

F
Fatsia japonica 75
Fatshedera lizei 76
Ficus carica 39
Ficus pumila 98
Firmiana simplex 42
Fokienia hodginsii 14
Forsythia viridissima 93

Fraxinus chinensis 59

G
Gardenia jasminoides 73
Gardenia jasminoides var. radicans 74
Ginkgo biloba 34
Gomphrena globosa 118
Grewia biloba 83

H
Hemerocallis fulva 131
Hibiscus mutabilis 84
Hibiscus rosa-sinensis 78
Hibiscus syriacus 83
Hippeastrum × hortorum 135
Hosta plantaginea 131
Hosta ventricosa 131
Hydrangea macrophylla 85
Hymenocallis americana 137
Hypericum monogynum 83

I
Ilex chinensis 25
Ilex cornuta 25
Illicium lanceolatum 20
Impatiens balsamina 116
Indocalamus latifolius 108
Iris pseudacorus 145
Iris tectorum 130

J
Jasminum mesnyi 72
Juglans regia 40

K
Kerria japonica 87
Kochia scoparia 121
Koelreuteria bipinnata 54
Koelreuteria paniculata 54

L
Lagerstroemia indica 90
Lantana camara 78
Lespedeza bicolor 89
Ligustrum lucidum 26
Ligustrum × vicaryi 73
Ligustrum sinense 73
Lilium davidii 134
Lilium spp 134
Lilium tigrinum 134
Liquidambar formosana 37
Liriodendron chinense 36
Liriope platyphylla 132
Lonicera japonica 103
Lophatherum gracile 138
Loropetalum chinense 67
Lycoris aurea 135
Lycoris radiata 135
Lycoris squamigera 135
Lysimachia christinae 126
Lythrum salicaria 142

M

Machilus thunbergii 19
Magnolia × soulangeana 35
Magnolia denudata 34
Magnolia grandiflora 16
Magnolia liliflora 82
Magnolia officinalis ssp.*biloba* 35
Mahonia bealei 65
Mahonia fortunei 65
Malus halliana 47
Malus × micromalus 47
Manglietia fordiana 18
Melia azedarach 58
Metasequoia glyptostroboides 32
Michelia chapensis 16
Michelia crassipes 65
Michelia figo 64
Michelia macclurei 17
Millettia dielsiana 99
Mirabilis jalapa 121
Morus alba 39
Mucuna sempervirens 98
Musa basjoo 139
Myrica rubra 21
Mytilaria laosensis 20

N

Nandina domestica 66
Narcissus pseudonarcissus var.*bicolor* 136
Narcissus tazetta var. *chinensis* 136
Nelumbo nucifera 142
Nerium oleander 71
Nymphaea alba 143
Nymphaea mexicana 143
Nymphaea tetragona 143
Nyssa sinensis 50

O

Ophiopogon japonicus 132
Orychophragmus violaceus 120
Osmanthus fragrans 26
Oxalis rubra 129

P

Paeonia lactiflora 125
Paeonia suffruticosa 85
Parakmeria lotungensis 17
Parthenocissus tricuspidata 101
Paulownia fortunei 59
Paulownia tomentosa 60
Petunia hybrida 111
Pharbitis hederacea 119
Pharbitis nil 119
Pharbitis purpurea 119
Philodendron selloum 137
Phoebe sheareri 19
Phoenix canariensis 28
Photinia davidsoniae 23
Photinia serrulata 22
Phyllostachys nigra 106
Phyllostachys pubescens 106
Physostegia virginiana 128
Pilea.cadierei 126
Pinus elliottii 10
Pinus massoniana 11
Pinus parviflora 11
Pinus thunbergii 10
Pistacia chinensis 57
Pittosporum tobira 67
Platanus × acerifolia 41
Platycladus orientalis 64
Platycodon grandiflorum 129
Podocarpus macrophyllus 14
Podocarpus nagi 15
Pontederia cordata 144
Populus euramericana 42
Portulaca grandiflora 116
Prunus × yedoensis 46
Prunus cerasifera 44
Prunus japonica 88
Prunus lannesiana 46
Prunus majestica 46
Prunus mume 44
Prunus persica 45
Prunus triloba 87
Pseudolarix amabilis 32
Pterocarya stenoptera 40
Pueraria lobata 99
Punica granatum 91
Pyracantha fortuneana 68
Pyrus calleryana 47
Pyrus pyrifolia 47

Q

Quamoclit pennata 119
Quercus aliena 41
Quercus variabilis 41

R

Reineckia carnea 133
Rhapis excelsa 79
Rhododendron latoucheae 75
Rhododendron molle 95
Rhododendron pulchrum 75
Rhododendron simsii 95
Rhus chinensis 57
Rhus typhina 57
Robinia pseudoacacia 50
Rosa cvs 86
Rosa laevigata 100
Rosa multiflora 101
Rudbeckia hybrida 125

S

S. × bumalda 86
Sabina chinensis 13、14
Sabina vulgalis 64
Sagittaria trifolia 143
Sagittaria trifolia var. *sinensis* 143
Saliva coccinea 110
Salix babylonica 43
Salix matsudana 43
Salvia splendens 110
Sapindus mukorossi 55
Sapium sebiferum 53
Sassafras tzumu 36
Saxifraga stolonifera 128
Schefflera heptaphylla 76
Schima superba 23
Scirpus validus 144
Sedum lineare 129
Sedum sarmentosum 129
Serissa japonica 74
Setcreasea pallida 137
Sophora japonica var.*pendula* 49
Sophora japonica 49
Spiraea chinensis 86
Spiraea japonica 86
Styrax japonicus 44
Symplocos sumuntia 24
Syringa oblata 93
Syzygium grijsii 77

T

Tagetes erecta 113
Tagetes patula 113
Taxodium ascendens 33
Taxodium distichum 33
Taxus chinensis var. *mairei* 15
Ternstroemia gymnanthera 24
Thalia dealbata 146
Torenia fournieri 122
Trachelospermum jasminoides 102
Trachycarpus fortunei 28
Trifolium pretense 126
Trifolium repens 126
Typha angustata 145

U

Ulmus parvifolia 38
Ulmus pumila 39

V

Verbena hybrida 111
Verbena tenera 111
Viburnum macrocephalum 93
Viburnum macrocephalum f. *keteleeri* 94
Viburnum odoratissimum var.*awabuki* 27
Vinca major 72
Viola tricolor 115

W

Washingtonia filifera 29
Wisteria sinensis 99

Y

Yucca gloriosa 79

Z

Zebrina pendula 138
Zelkova schneideriana 38
Zenia insignis 50
Zephyranthes candida 136
Zephyranthes grandiflora 136
Zinnia elegans 114
Ziziphus jujuba 59

参考文献

1. 陈有民.园林树木学〔M〕.北京：中国林业出版社，1990
2. 北京林业大学园林系花卉教研室.花卉学〔M〕.北京：中国林业出版社，1990
3. 张天麟.园林树木1200种〔M〕.北京：中国建筑工业出版社，2005
4. 费砚良.宿根花卉〔M〕.北京：中国林业出版社，1999
5. 赵家荣.水生花卉〔M〕.北京：中国林业出版社，2002
6. 孙可群，张应麟等.花卉及观赏树木栽培手册〔M〕.北京：中国林业出版社，1985
7. 彭镇华.中国乔木〔M〕.北京：中国林业出版社，2003
8. 庄雪影.园林树木学〔M〕.广州：华南理工大学出版社，2004
9. 周武忠，陈筱燕.花与中国文化〔M〕.北京：中国农业出版社，1999
10. 李景侠，康永祥.观赏植物学〔M〕.北京：中国林业出版社，2005
11. 曹慧娟.植物学〔M〕.北京：中国林业出版社，1992